大学计算机基础与应用系列立体化教材

Internet
应用教程

尤晓东　编著

U0131778

中国人民大学出版社
·北京·

内容简介

在信息社会中，每一个人都应该熟练掌握 Internet 的应用。本教程从应用入手，向读者介绍 Internet 的基本知识和 Internet 的典型应用，使读者通过本教程的学习，能够利用 Internet 进行交流、有效地采集和使用网络资讯、通过 Internet 发布信息、了解电子商务的有关知识、了解通过网络进行推广的有关知识、了解信息安全的有关知识，在学习、工作、生活、娱乐中熟练地使用 Internet 这个工具。

本教程适用于各级各类学校 Internet 应用课程的教学和学生自学，更多内容请参见教学辅助网站：http://ruc.com.cn。

总 序

　　随着计算机与互联网应用的普及、信息技术的发展及中小学对信息技术基础课程的普遍开设，针对大学计算机基础与应用教育的方向和重点，我们认为应该研究新的教育与教学模式，使得计算机基础与应用课程摆脱传统的课堂上课＋课后上机这种简单、低效的教学方式，逐步转向以实践性教学和互动式教学为手段，利用现代化的计算机实现辅助教学、管理与考核，同时提供包括教材、教辅、教案、习题、实验、网络资源在内的丰富的立体化教学资源和实时或在线答疑系统，使得学生乐于学习、易于学习、学有成效、学有所用，同时减轻教师备课、授课、布置作业与考核、阅卷的工作量，提高教学效率。这是我们建设这套"大学计算机基础与应用系列立体化教材"的初衷。

　　根据大学非计算机专业学生的社会需求和教育部对计算机基础与应用教育的指导意见，中国人民大学从 2005 年开始对计算机公共课进行大规模改革，包括增设课程、改革教学方式和考核方式、进行教材建设等多个方面的内容。在最新的《中国人民大学本科生计算机教学指导纲要（2008 年版）》中，将与计算机教育有关的内容分为三个层次。第一层次为"计算机应用基础"课程，第二层次为"计算机应用类"课程（包含约 10 门课程），第三层次纳入专业基础课或专业课教学范畴，形成 1＋X＋Y 的计算机基础与应用教育格局。其中，第一层次的"计算机应用基础"课程和第二层次的"计算机应用类"课程，作为分类分层教学中的核心课程，走在教学改革的前列，同时结合中国人民大学计算机教学改革中开展的其他项目，已经形成了教材（部分课程）、教案、教学网站、教学系统、作业系统、考试系统、答疑系统等多层次、立体化的教学资源。同时，部分项目获得了学校、北京市、全国各级教学成果奖励和立项。

　　为了巩固我们的计算机基础与应用教学改革成果并使其进一步深化，我们认为有必要系统地建立一套更合理的教材，同时将前述各项立体化、多层次的教学资源整合到一起。为此，我们组织中国人民大学、中央财经大学、天津财经大学、河北大学、东华大学、华北电力大学等多所院校中从事计算机基础与应用课程教学的一线骨干教师，共同建设"大学计算机基础与应用系列立体化教材"项目。

　　本项目对中国人民大学及合作院校的计算机公共课教学改革和课程建设起着非常关键的作用，得到了各校领导和相关部门的大力支持。该项目将在原来的应用教学的基础上，更进一步地加强实践性教学、实验和考核环节，让学生真正地做到学以致用，与信息技术的发展同步成长。

　　本系列教材覆盖了"计算机应用基础"（第一层次）和"计算机应用类"（第二层次）的十余门课程，包括：

- 大学计算机应用基础

- Internet 应用教程
- 多媒体技术与应用
- 网站设计与开发
- 数据库技术与应用
- 管理信息系统
- Excel 在经济管理中的应用
- 统计数据分析基础教程
- 信息检索与应用
- C 程序设计教程
- 电子商务基础与应用

每门课程均编写了教材和配套的习题与实验指导。

随着信息化技术的发展，许多新的应用不断涌现，同时数字化的网络教学手段也在发展和成熟。我们将为此项目全面、系统地构建立体化的课程与教学资源体系，以方便学生学习、教师备课、师生交流。具体措施如下：

- 教材建设：在教材中减少纯概念性理论的内容，加强案例和实验指导的分量；增加关于最新的信息技术应用的内容并将其系统化，增加互联网和多媒体应用方面的内容；密切跟踪和反映信息技术的新应用，使学生学到的知识马上就可以使用，充分体现"应用"的特点。

- 教辅建设：针对教材内容，精心编制习题与实验指导。每门课程均安排大量针对性很强的实验，充分体现课程的实践性特点。

- 教学视频：针对主要教学要点，我们将逐步录制教学操作视频，使得学生的学习和复习更为方便。

- 电子教案：我们为教师提供电子教案，针对不同专业和不同的课时安排提出合理化的教学备课建议。

- 教学网站：纸质课本容量有限，更多更全面的教学内容可以从我们的教学网站上查阅。同时，新的知识、技巧和经验不断涌现，我们亦将它们及时地更新到教学网站上。

- 教学辅助系统：针对采用本教材的院校，我们开发了教学辅助系统。通过该系统，可以完成课程的教学、作业、实验、测试、答疑、考试等工作，极大地减轻教师的工作量，方便学生的学习和测试，同时网络的交流环境使师生交流答疑更为便利。（对本教学辅助系统有兴趣的院校，可联系 yxd@yxd.cn 了解详情。）

- 自学自测系统：针对个人读者，可以通过我们提供的自学自测系统来了解自己学习的情况，调整学习进度和重点。

- 在线交流与答疑系统：及时为学生答疑解惑，全方位地为学生（读者）服务。

相信本套教材和教学管理系统不仅对参与编写的院校的计算机基础与应用教学改革起到促进作用，而且对全国其他高校的计算机教学工作也具有参考和借鉴意义。

杨小平

2009 年 6 月

前 言

  Internet 应用作为信息社会的标志性应用，已经进入普及的阶段。根据中国互联网络信息中心（CNNIC）2009 年 1 月发布的《第 23 次中国互联网络发展状况统计报告》，中国的网民数量已经达到了 3 亿人。目前"Internet 应用"课程是各校计算机应用课程中的必修课程。中国人民大学自 2000 年起开设该课程，2003 年开始自编教材。

  根据教育部高等教育司组织制定的《高等学校文科类专业大学计算机教学基本要求》（以下简称《基本要求》），"Internet 应用"课程的教学目标主要包括：

  （1）了解 Internet 的基本知识，掌握 Internet 的典型应用；

  （2）培养应用 Internet 进行交流的能力，掌握采集和使用网络资讯的方法；

  （3）培养应用 Internet 发布信息的能力，了解电子商务的有关知识；

  （4）初步掌握通过网络进行推广的有关知识；

  （5）了解信息安全的有关知识。

  本次我们根据《基本要求》重新编写了教材，内容全面覆盖了《基本要求》的知识点，使得通过本课程的学习，达到提升学生信息素养和 Internet 应用能力的目的。

  "Internet 应用"是一门应用性和实践性很强的课程，建议在教学时加强实践教学的环节，每项应用应至少布置一次综合性较强的实验，提高学生的实际动手能力。所有学生应能够完成以下基础性实验：

  （1）网页浏览器的使用（注重各项功能的使用及属性的配置）；

  （2）电子邮件的使用（包括网页方式使用和客户端软件的使用与配置）；

  （3）搜索引擎综合练习；

  （4）文件下载综合练习；

  （5）即时通信软件的使用；

  （6）体验网上购物（包括 B2C 方式和 C2C 方式）；

  （7）病毒/木马防杀程序的安装与设置；

  （8）开设个人博客并做简单推广。

  教学方式上，如有条件应尽量在网络机房进行互动式教学，边学边练，既提高学习效率，又能迅速巩固教学成果。同时，教师应经常关注 Internet 应用的最新发展动态，并在课程中及时传授给学生。

  对于网络信息获取与处理、网络建设与推广、电子商务等学习环节，可以设立作业时间跨度较长的综合性大实验，以考查学生的综合应用能力。

  在实际教学过程中，除了教材以外，我们还逐步配备了教辅资料、教学视频、电子教案、教学网站、教学辅助系统、自学自测系统、在线交流与答疑系统等立体化的教学资源，全面覆盖教师备课、授课、考核和学生学习及师生交流等各个环节。其中，利用我们自 2006 年起自主开发的教学辅助系统，可以完成课程的教学、作业、实验、测试、答疑、考试等工作，极大地减轻教师的工作量，方便学生的学习和测试，同时网络的交流环境使师生交流答疑更为便利。（对本教学辅助系统有兴趣的院校，可通过邮箱 yxd@yxd.cn 联系作者了解详情。）

　　虽然我们希望能够为读者提供最好的教材和教学资源，但由于水平和经验有限，错误之处难免，同时还有很多做得不够的地方，恳请各位专家和读者予以指正。同时欢迎同行进行交流。作者联系信箱是：yxd@yxd.cn。

尤晓东

2009 年 6 月

目 录 CONTENTS

第 1 章

Internet 基础知识

自 1994 年中国正式接入 Internet 以来，经过十余年的发展，我国的网民数量已经达到了近 3 亿人。Internet 已经成为人们生活中的一部分，网民已经不再是精英阶层的专利，而是每一个普通人都可能拥有的称呼，网络媒体、互联网信息检索、网络通讯、网络社区、网络娱乐、电子商务、网络金融等 Internet 应用已经成为我们学习、工作、生活中的重要组成部分。不学习、不了解 Internet，就不能在这个信息社会中更好地发展，就不能更好地利用网络提供给我们的便利。

由于 Internet 具有多方面的应用，为了更好地利用 Internet 这个工具，有必要系统地了解 Internet 的基本知识和相关应用。这就是本书的编写目的。作为基础，本章先向读者介绍计算机网络与 Internet 的一些基础知识。

1.1 计算机网络概述

作为信息时代的代表，Internet 其实是一个覆盖全球并且全球的用户都在使用的网络，因此，我们有必要先了解与计算机网络有关的知识。

所谓计算机网络，就是指通过各种通信设备和线路，由网络管理软件把地理上分散的多个具有独立工作能力的计算机有机地连在一起，实现相互通信和共享软件、硬件和数据等资源的系统。

1.1.1 计算机网络的发展

随着计算机网络本身的发展，人们对"计算机网络"这个概念的理解和定义提出过各种不同的观点。计算机网络的发展受到数据通信与网络技术发展的影响，大致经过了下列四个阶段。

1. 第一阶段（即雏形阶段）：单机网络

计算机发展的早期，由于 CPU 处理速度与计算机程序员操作速度的巨大反差，CPU 的利用率很低。为此，在 20 世纪的五六十年代发展了批处理技术①和分时技术②。

在这里，"分时"的含义是指多个用户利用分时技术共享使用同一台计算机。多个程序分时共享硬件和软件资源。

分时系统一般采用时间片轮转的方式，使一台计算机为多个终端服务，对每个用户能保证足够快的响应时间，并提供交互会话功能。

分时系统具有如下特点：

● 人机交互性好：程序员可以自己调试和运行程序，不再需要事事委托计算机系统操作员。

● 多用户同时性：多个用户同时使用，具备了计算机网络的雏形。

● 用户独立性：对每个用户而言，都好像是独占主机。

通过使用上述批处理技术和分时技术，在 20 世纪 50 年代中后期，许多系统可以将地理上分散的多个终端通过通信线路连接到一台中心计算机上，这可以称之为第一代计算机网络。典型的应用是由一台主计算机和全美国范围内 2 000 多个终端组成的全美航班订票系统。

在这个系统中，由于每个终端没有独立的操作系统，因此这还不是真正的计算机网络。随着远程终端的增多，在主机前又增加了前端处理机。这个阶段计算机网络主要是以传输信息为目的而连接起来的实现远程信息处理并进一步达到资源共享的系统。

2. 第二阶段：共享资源的通信网络

第二代计算机网络起源于美国军方于 1969 年开始实施的 ARPA 网（阿帕网，即 ARPAnet）计划，其目的是建立分布式的、存活力极强的覆盖全美国的信息网络。ARPAnet 是一个以多个主机通过通信线路互联起来的为用户提供服务的分布式系统，它开创了计算机网络发展的新纪元。

在第二阶段的计算机网络中，主机之间不是直接用线路相连，而是通过报文处理机（IMP）转接后互联的。③

20 世纪 70 年代，第二代网络得到迅猛的发展。与此同时，各种专用网络体系结构相继出现，例如：IBM 公司的 SNA（System Network Architecture，系统网络结构），DEC 公司的 DNA（Digital Network Architecture，数字网络结构）等。而随着 UNIX 操作系统的诞生与发展，促进了各类计算机网络特别是局域网（LAN）在美国的公司和高等院校的诞生和发展，也促进了 APRAnet 的迅速发展。

协议：计算机网络中的主机之间通信时，对传送信息内容的理解、信息表示形式以及各种情况下的应答信号，都必须遵守一个共同的约定，这些约定的总体称为协议。

---

① 批处理技术是指计算机操作员把用户提交的作业分类，把一批作业编成一个作业执行序列。每一批作业将有专门编制的监督（monitor）程序自动依次处理。

② 分时技术是指把处理机的运行时间分为很短的时间片，按时间片轮流把处理机分配给各联机作业使用。

③ 通信子网与资源子网：报文处理机和它们之间互联的通信线路一起负责主机间的通信任务，构成通信子网。通信子网所连接的主机负责运行程序，提供共享的资源，组成资源子网。

> **网络体系结构**：在计算机网络中，将协议按功能分成了若干层次。如何分层，以及各层中具体采用的协议的总和，称为网络体系结构（Network Architecture）。网络体系结构是个抽象的概念，其具体实现是通过特定的硬件和软件来完成的。

第二代网络以通信子网为中心。这个时期，计算机网络主要表现为以能够相互共享资源为目的而互联起来的、具有独立功能的计算机的集合体。

3．第三阶段：统一网络体系结构的开放式标准化网络

在 20 世纪的 70 年代末至 80 年代出现的第三代计算机网络，是具有统一的网络体系结构，并且遵循国际标准的开放式和标准化的网络。

国际标准化组织（ISO）在 1984 年颁布了**开放系统互联参考模型**（OSI/RM），该模型将计算机网络分为物理层、数据链路层、网络层、传输层、会话层、表示层、应用层 7 个层次（也称为 OSI 7 层模型），这成为新一代计算机网络体系结构的基础，并为局域网的普及创造了条件。

20 世纪 70 年代后，随着大规模集成电路的出现，局域网由于投资少、方便灵活而得到了广泛的应用和迅猛的发展。

4．第四阶段：全球互联的 Internet

第四代计算机网络从 20 世纪 80 年代末开始至今，超文本标识语言（HTML）、网页图形浏览器和跨平台网络开发语言 Java 的应用促进了 Internet 信息服务的发展，同时局域网技术发展成熟，出现了光纤及高速网络技术和多媒体智能网络。

全球范围内以 Internet 为代表的信息基础设施的建立和发展，促进了信息产业和知识经济的诞生和迅猛发展，标志着人类已进入信息时代，计算机网络的普及与应用正向全人类展开其新的一页。

1.1.2　计算机网络的分类

可以根据不同的标准或方法对计算机网络进行分类。

根据地理覆盖范围的不同，计算机网络可以分为：

● 局域网（Local Area Network，LAN）：覆盖地理范围较小，一般在数米到数千米之内，如在一个房间、一幢大楼、一所学校的范围内构建的网络。

● 城域网（Metropolitan，MAN）：一般覆盖一座城市，范围可达数十千米至上百千米。

● 广域网（Wide Area Network，WAN）：覆盖地理范围较广，如两个或多个城市之间，范围可达数百至数千千米，甚至可以遍布一个国家或跨越几个国家。

● 因特网（Internet）：覆盖全球，由上述各级网络连接而成，是由网络构成的网络。

根据计算机网络拓扑结构[①]的不同，可以将计算机网络分为星形、环形、总线形、树形、全连接形网络和不规则形网络，如图 1—1 所示。

---

① 计算机网络的拓扑结构指网络中计算机系统（包括通信线路和节点）的几何排列形状，它将直接影响网络中通信介质的访问控制与数据传输方式。

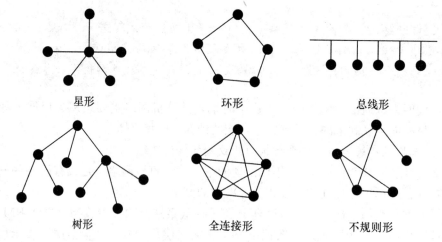

星形   环形   总线形

树形   全连接形   不规则形

图 1—1   网络拓扑结构

各种分类的网络中，其拓扑结构一般为：

- 局域网常用的拓扑结构一般为星形结构、环形结构、总线形结构；
- 城域网多采用双总线形或双环形结构；
- 广域网一般采用不规则形结构；
- 因特网可以视为树形结构。

随着计算机的发展，人们越来越意识到网络的重要性，通过网络，人们拉近了彼此之间的距离。本来分散在各处的计算机被网络紧密地联系在了一起。局域网作为网络的组成部分，发挥了不可忽视的作用。我们可以用网络操作系统把多台计算机联系在一起，组成一个局域网，在这个局域网中，我们可以在它们之间共享程序、文档等各种资源，而不必再来回传递软盘；也可以通过网络使多台计算机共享同一硬件，如打印机、调制解调器等；我们还可以通过网络使用计算机发送和接收传真，方便、快捷而且经济。

局域网分布范围小、投资少、配置简单，具有如下特征：

- 传输速率高，一般可达百兆，光纤高速网可达千兆以上；
- 支持多种传输介质；
- 通信处理一般由网卡完成；
- 传输质量好，误码率低；
- 有规则的拓扑结构。

1.1.3   计算机网络的组成

计算机网络一般由服务器、网络工作站、网卡、传输介质四部分组成。

- 服务器运行网络操作系统，提供硬盘、文件数据及打印机共享等服务功能，是网络控制的核心。服务器分为文件服务器、打印服务器、数据库服务器。在 Internet 上，还可以分为网页服务器、数据库服务器、FTP 服务器、邮件服务器等。

目前常见的网络操作系统主要有 Windows Server 系列和 UNIX/Linux 系列。网络操作系统朝着能支持多种通信协议、多种网卡和工作站的方向发展。

从应用来说，较高配置的普通微机都可以用于文件服务器，但从提高网络的整体性能，尤其是从网络的系统稳定性来说，还是选用专用服务器为宜。

● 网络工作站可以有自己的操作系统，能独立工作。工作站通过运行工作站网络软件，访问服务器共享资源。

● 网卡全称为网络适配器，它将工作站和服务器连到网络上，实现资源共享和相互通信、数据转换和电信号匹配等工作。

● 目前常用的传输介质有双绞线、同轴电缆、光纤等。

1.1.4　网络的几种工作模式

网络中的计算机各有各的用途。我们据此划分出网络的几种工作模式：

● 专用服务器模式（Server-based），又称为"工作站/文件服务器"结构，由若干台微机工作站与一台或多台文件服务器通过通信线路连接起来组成。工作站存取服务器文件，共享存储设备。

文件服务器自然以共享磁盘文件为主要目的。对于一般的数据传递来说已经够用了，但是当数据库系统和其他复杂应用系统越来越多的时候，服务器越来越不能承担这样的任务了。因为随着用户的增多，为每个用户服务的程序也增多，每个程序都是独立运行的大文件，这样给用户的感觉极慢。在此情况下，产生了客户机/服务器模式。

● 客户机/服务器模式（Client/Server）。一台或几台较大的计算机（服务器）集中进行共享数据库的管理和存取，而将其他的应用处理工作分散到网络中其他客户机上去做，构成分布式的处理系统。服务器控制管理数据的能力已由文件管理方式上升为数据库管理方式，因此，客户机/服务器模式下的服务器也称为数据库服务器，注重于数据定义及存取安全、后备及还原、并发控制及事务管理，执行诸如选择检索和索引排序等数据库管理功能，它有足够的能力做到把通过其处理后用户所需的那一部分数据而不是整个文件通过网络传送到客户机去，减轻了网络的传输负荷。客户机/服务器结构是数据库技术的发展和普遍应用与局域网技术发展相结合的结果。

● 对等式网络（Peer To Peer）。在对等式网络结构中，没有专用服务器。每一个工作站既可以起客户机的作用，也可以起服务器的作用。

1.1.5　网络互联设备

由于网络的普遍应用，为了满足在更大范围内实现相互通信和资源共享，就出现了网络之间的互联。

网络互联时，必须解决如下问题：在物理上如何把两种网络连接起来？一种网络如何与另一种网络实现互访与通信？如何解决它们之间协议方面的差别？如何处理速率与带宽的差别？解决这些协调、转换机制的部件就是中继器、网桥、路由器和网关等。集线器与交换器属于特殊类型的中继器。

1.2 Internet 概述

所谓 Internet（因特网，国际互联网），是指由各种不同类型和规模的独立运行与管理的计算机网络组成的覆盖全球范围的计算机网络。组成 Internet 的计算机网络包括局域网（LAN）、城域网（MAN）以及广域网（WAN）等。这些网络通过普通电话、高速率专用线路、卫星、微波和光缆等通讯线路把不同国家的高等院校、公司、科研机构以及军事和政治等组织的网络连接起来。Internet 网络互联采用的基本协议是 TCP/IP 协议。

1.2.1 什么是 Internet

Internet 中文名一般称为国际互联网，国内媒体也称为因特网。Internet 在字面上讲就是由计算机网络构成的网络。通俗地说，全世界成千上万个计算机网络和计算机相互连接到一起，这个全球的计算机网络集合体就是 Internet。

Internet 是国际计算机互联网络，它将全世界不同国家、不同地区、不同部门和机构的不同类型的计算机及国家主干网、广域网、城域网、局域网通过网络互联设备高速地连接在一起，是一个"计算机网络的网络"。

用户如果要加入 Internet，只需把自己的计算机连入与 Internet 互联的任何一个网络，或与 Internet 上的任何一台服务器连接起来即可。在世界上任何地方的任何一台计算机只要连入 Internet，就可以跨越时空查阅 Internet 上的信息资源，与网络上的其他计算机或用户交换信息，获得该网络提供的各种信息服务，而不受地区、国界和时间的限制。

Internet 的发源地在美国，而今天，它已扩展到全球范围，并成为全球信息高速公路的基础，在许多方面获得成功。它已经并将进一步对全人类社会的发展和人类文明的建设起到巨大的推动作用。

下面我们从不同的角度来了解 Internet：

● 从通讯的角度来看，Internet 是一个理想的信息交流媒介。利用 Internet，能够快捷、安全、高效地传递文字、声音、图像以及各种各样的信息，形式包括 Email、音频、视频等。

● 从获得信息的角度来看，Internet 是一个庞大的信息资源库：网络上有无数个书库，覆盖全球数以万计的图书馆，拥有无数的杂志和期刊，还有政府、高等院校和公司企业等机构的详细信息。Internet 将全世界范围内各个国家、地区、部门和各个领域的信息资源连为一体，组成庞大的电子资源数据库系统，供全世界的网上用户共享。

● 从娱乐休闲的角度来看，Internet 是一个花样众多的娱乐厅。在网上可以看电影、电视，可以听广播，可以玩网络游戏，可以聊天交流，可以浏览全球各地的风景名胜和了解风俗人情。

● 从商业的角度来看，Internet 既能省钱又能赚钱。利用 Internet，足不出户，就可以得到全面、详细、及时的经济信息；通过 Internet，可以方便地进行交易，甚至还可以将生意做到海外。无论是证券行情、房地产信息还是人才信息，在网上都能找到最实时的版本。通过网络还可以图、声、文并茂地召开订货会、新产品发布会，做广告，搞推销，等等。

1.2.2　Intranet

与 Internet 相对应的有一个名词 Intranet。Intranet（内联网）是指采用 Internet 技术建立的企业内部专用网络。它以 TCP/IP 协议作为基础，以 Web 为核心应用，构成统一的信息交换平台。

Intranet 可实现的功能极为广泛和强大，包括：

➢ 收发电子邮件；

➢ Web 信息发布与查询；

➢ 电子贸易，主要方式有全球范围内的产品展示、售后信息服务等；

➢ 远程用户登录，企业分支机构可以通过电话线路访问总部网站；

➢ 远程信息传送，将企业总部的信息传送到用户的工作站上进行处理；

➢ 企业管理信息系统（MIS）应用；

➢ 企业无纸化办公；

➢ 通过与 Internet 相连，进行全球范围的通信及视频会议；

➢ 新闻组讨论。

与传统的 MIS（管理信息系统）相比，Intranet 的进步之处还在于它能管理在企业管理过程中所需要的结构化信息（如人事档案）和非结构化信息（如大量的文字资料、图片、声音、影像等）。前者一般只占信息总量的 20%，而后者占 80%。传统的 MIS 只能管理结构化的信息，因此实用程度有限；而新兴的基于 Internet 的 Web 技术能够把文字、图形、图像、声音、影像等多媒体信息都放在 Intranet 上，而且 Web 的使用十分简单，通过浏览器就可以访问各种信息资源。另外，使用 Intranet 技术，不需要随企业的需求改变而更换应用软件，只需充实系统的数据。

Intranet 可以建立在现有公司内部网络硬件基础之上，企业原有应用系统也可以移植到基于 Intranet 的信息系统中。在安全性方面，Intranet 是企业内部的信息网络，在它和 Internet 之间需要有道防火墙，以保证企业的信息不受外界攻击，同时可以和外界进行必需的信息交换。

Intranet 在企业新闻发布、销售服务、提高工作群体的生产力、内部交流与支持、员工的培训和数据库开发等方面，将发挥不可缺少的作用。Intranet 能够大大提高企业的内部通信能力和信息交换能力。

1.2.3　TCP/IP 协议

TCP 协议最早由斯坦福大学的两名研究人员于 1973 年提出。1983 年，TCP/IP 协议被 UNIX 4.2 BSD 系统采用。随着 UNIX 的成功，TCP/IP 协议逐步成为 UNIX 机器的标准网络协议。Internet 的前身 ARPAnet 最初使用 NCP（Network Control Protocol）协议，由于 TCP/IP 协议具有跨平台特性，ARPAnet 的实验人员在经过对 TCP/IP 协议改进以后，规定连入 ARPAnet 的计算机都必须采用 TCP/IP 协议. 随着 ARPAnet 逐渐发展成为 Internet，TCP/IP 协议就成为 Internet 的标准连接协议。

TCP/IP 协议其实是一个协议组，它包括 TCP 协议（Transport Control Protocol，传输控制协议）、IP 协议（Internet Protocol，Internet 协议）及其他一些协议。TCP 协议用于在应用程序之间传送数据，IP 协议用于在主机之间传送数据。

1.2.4　IP 地址

Internet 是由不同物理网络互联而成，不同网络之间实现计算机的相互通信必须有相应的地址标识，这个地址标识称为 IP 地址。

IP 地址提供统一的地址格式，即由 32 个二进制位（bit）组成。由于二进制使用起来不方便，常用"点分十进制"方式来表示。即将 IP 地址分为 4 个字节，每个字节以十进制数来表示，各个数之间以句点来分隔。例如，中国人民大学网站的 IP 地址是：218.107.132.38[①]。

IP 地址唯一地标识出主机所在的网络和网络中位置的编号。

目前我们常用的是第 4 版的 IP 地址，习惯上称为 IPv4。从理论上来说，它可以对约 1 600 万个网络和约 40 亿台主机进行编址。但采用 A、B、C 三类编址方式后，可用的网络地址和主机地址的数目大打折扣，以至目前的 IP 地址近乎枯竭。

一方面是地址资源数量的限制，另一方面是随着电子技术及网络技术的发展，计算机网络已经进入人们的日常生活，需要连入 Internet 并分配 IP 地址的设备越来越多。在这样的情况下，由 128 bit 构成的 IPv6 应运而生。

虽然 IPv6 必将进入我们的网络生活并最终取代 IPv4，但由于目前 IPv6 还处于实验阶段，因此在本书中我们暂不做详细介绍，有兴趣的读者可以自行查阅有关资料。

1.2.5　域名系统

与 IP 地址相比，人们更喜欢使用具有一定含义的字符串来标识 Internet 上的计算机。在 Internet 中，可以用各种各样的方式来命名自己的计算机，这样就可能在 Internet 上出现重名，如提供网页信息服务的主机都命名为 www，提供电子邮件服务的主机都命名为 mail 等，这样就不能唯一地标识 Internet 中的主机位置。为了避免重名，Internet 管理机构采取了在主机名后加上后缀域名（Domain）的办法来标识主机的区域位置。

域名（Domain）是 Internet 上用于标识网络服务器位置的名字，由字母、数字和"—"字符构成，由"."符号分隔为若干部分。域名通过域名服务器（DNS）的解析服务可以转换为服务器的 IP 地址，以实现对服务器内容的真正连接和访问。域名是通

---

① 此 IP 地址为写作本章时的数据，该数据可能会因服务器搬迁而改变。最新的 IP 地址可以通过 Windows 的"开始→运行→Ping www.ruc.edu.cn"来查阅。

过申请合法得到的。

这样，在 Internet 上的主机就可以用

　　主机名. 域名

的方式唯一地进行标识。例如，

　　www. ruc. edu. cn

中 www 为主机名，由服务器管理员命名，ruc. edu. cn 为域名，由服务器所属单位向域名管理机构申请使用。

1.2.6　IP 地址、域名与网址（URL）的关系

为了帮助读者理解 IP 地址、域名与网址（URL①）的关系，我们来看看以下的比喻：

IP 地址可以与单位的门牌号码类比。例如：

● 中国人民大学信息学院的地址是：北京市海淀区中关村大街 59 号。

● 中国人民大学信息学院网站的 IP 地址是：202.112.113.34。

域名可以与单位的名称类比。例如：

● 中国人民大学信息学院的名称是"中国人民大学信息学院"。

● 中国人民大学信息学院网站的域名是：info. ruc. edu. cn。

网址（URL）说明了以何种方式访问哪个网页，例如，就像说"我要骑自行车到中国人民大学信息学院"一样，我们可以通过 HTTP 协议来访问中国人民大学信息学院，即"http://info. ruc. edu. cn"。

1.2.7　Internet 的发展

Internet 最早起源于美国国防部高级研究计划局（Defense Advanced Research Projects Agency，DARPA）的前身 ARPA 于 1969 年建成并投入使用的 ARPAnet（阿帕网）。

从 20 世纪 60 年代开始，ARPA 就开始向美国国内高等院校的计算机系和一些私人公司提供经费，以促进基于分组交换技术的计算机网络的研究。1968 年，ARPAnet 项目立项，其主导思想为希望网络能够经受住故障的考验而维持正常工作，即使在战争中当网络的某一部分因遭受攻击而失去工作能力时，网络的其他部分仍能维持正常工作。最初，ARPAnet 主要用于军事研究，它具有五大特点：

➢ 支持资源共享；

➢ 采用分布式控制技术；

➢ 采用分组交换技术；

➢ 使用通信控制处理机；

---

① 实际上 URL 的全称是 Uniform Resource Locator，中文译名为统一资源定位符。它是用于完整地描述 Internet 上网页和其他资源的地址的一种标识方法。习惯上我们常简称为"网址"。

> ➢ 采用分层的网络通信协议。

1972 年，ARPAnet 在国际会议上向公众亮相，自此，ARPAnet 成为现代计算机网络诞生的标志。

1983 年，ARPAnet 分裂为两部分：ARPAnet 和纯军事用的 MILNET。该年 1 月，ARPA 把 TCP/IP 协议作为 ARPAnet 的标准协议，其后，人们称呼这个以 ARPAnet 为主干网的国际互联网为 Internet。TCP/IP 协议在 Internet 中进行研究、试验，并改进成为使用方便、效率高的协议。

与此同时，局域网和其他网络技术的产生和蓬勃发展对 Internet 的进一步发展起了重要的作用。1986 年，美国国家科学基金会（National Science Foundation，NSF）建立了六大超级计算机中心，为了使全美国的科学家、工程师能够共享这些超级计算机设施，NSF 建立了基于 TCP/IP 协议族的计算机网络——美国国家科学基金网（NSFnet）。

NSF 在全国建立了按地区划分的计算机广域网，并将这些地区网络和超级计算中心相连，最后将各超级计算中心互联起来。连接各地区网上主通信结点计算机的高速数据专线构成了 NSFnet 的主干网。当一个用户的计算机与某一地区相连以后，它除了可以使用任一超级计算中心的设施，可以同网上任一用户通信外，还可以获得网络提供的大量信息和数据。这一成功使得 NSFnet 于 1990 年 6 月彻底取代了 ARPAnet 而成为 Internet 的主干网。

NSFnet 对 Internet 的最大贡献是使 Internet 向全社会开放。随着网上通信量的迅猛增长，NSF 采用了更新的网络技术来适应发展的需要。1990 年 9 月，由 Merit、IBM 和 MCI 公司联合建立了一个非盈利性的组织 ANS（Advanced Network&Science，Inc）。ANS 的目的是建立一个全美范围的 T3 级主干网，它能以 45Mb/s 的速率传送数据。到 1991 年底，NSFnet 的全部主干网都已同 ANS 提供的 T3 级主干网相通。

1969 年 12 月 ARPAnet 最初建成时只有 4 个结点，到 1972 年 3 月也仅仅只有 23 个结点，1977 年 3 月总共也只有 111 个结点。但是近 30 年来，随着社会科技，文化和经济的发展，特别是计算机网络技术和通信技术的大发展，随着人类社会从工业社会向信息社会过渡的趋势越来越明显，人们对信息的意识、对开发和使用信息资源的重视越来越强，这些都强烈刺激了 ARPAnet 和 NSFnet 的发展，使连入这两个网络的主机和用户数目急剧增加。1988 年，由 NSFnet 连接的计算机数就猛增到 56 000 台，此后更以每年 2 到 3 倍的惊人速度向前发展。

今天的 Internet 已不再是计算机专业人员和军事部门进行科研的领域，而是变成了一个开发和使用信息资源的覆盖全球的信息海洋。Internet 已经覆盖了社会生活的方方面面，构成了一个信息社会的缩影。

1.3 Internet 在中国的发展

中国早在 1987 年就由中国科学院高能物理研究所首先通过 X.25 租用线实现了

国际远程联网，并于 1988 年实现了与欧洲和北美地区的 Email 通信。1993 年 3 月经电信部门的大力配合，开通了由中国科学院高能物理研究所到美国斯坦福直线加速器中心的高速计算机通信专线。1994 年 5 月，中国科学院高能物理研究所的计算机正式进入了 Internet，与此同时，以清华大学为网络中心的中国教育和科研计算机网也于 1994 年 6 月正式联通 Internet，1996 年 6 月，中国最大的 Internet 互联子网 CHINANET 也正式开通并投入运营。

进入 21 世纪以来，在中国兴起了一种研究、学习和使用 Internet 的浪潮，中国的 Internet 用户数量已经达到上亿人，Internet 已经越来越成为中国人科研、工作、学习、生活、娱乐的重要组成部分。

1.3.1　中国互联网络发展状况统计报告

根据中国互联网络信息中心（CNNIC）于 2009 年 1 月发布的《第 23 次中国互联网络发展状况统计报告》的数据显示：[1]

➢ 截至 2008 年底，中国网民规模达到 2.98 亿人，较 2007 年增长 41.9％，互联网普及率达到 22.6％，略高于全球平均水平（21.9％）。继 2008 年 6 月中国网民规模超过美国，成为全球第一之后，中国的互联网普及再次实现飞跃，赶上并超过了全球平均水平。
  ◆ 90.6％的中国网民使用过宽带接入互联网，即 2.7 亿中国网民使用了宽带访问互联网，较 2007 年增长超过一个亿。
  ◆ 截至 2008 年，使用手机上网的网民达到 1.176 亿人，较 2007 年增长一倍多。
  ◆ 截至 2008 年底，中国农村网民规模达到 8 460 万人，较 2007 年增长 3 190 万人，增长率超过 60％。
  ◆ 男性网民比例为 52.5％，女性网民比例为 47.5％。与 2007 年相比，中国网民性别结构进一步优化，网民性别结构趋近于总人口中的性别结构。
  ◆ 与 2007 年相比，10～19 岁的网民所占比重增大，达到 35.2％，成为 2008 年中国互联网最大的用户群体。该群体规模的增长主要由两个原因促成：第一，教育部自 2000 年开始建设"校校通"工程，计划用 5～10 年时间使全国 90％独立建制的中小学校能够上网，使师生共享网上教育资源，目前该工程已经接近尾声；第二，互联网的娱乐特性加大了其在青少年人群中的渗透率，网络游戏、网络视频、网络音乐等服务均对互联网在该年龄段人群的普及起到推动作用。
➢ CN 域名注册总数量达到 1 357 万个。
➢ 国内网站总数达到 287 万个。
➢ 国际线路总带宽达到 640Gbps。

在中国 Internet 的发展过程中，上述主要指标的发展过程如表 1—1 所示。从这些数据可以了解到中国 Internet 的发展速度是非常迅猛的。

---

[1]　以下数据来源于《第 23 次中国互联网络发展状况统计报告》。

表 1—1   中国 Internet 发展主要数据①

时间	上网人数	家庭上网计算机数（万台）	CN 域名注册总数（个）	国内网站个数	国际线路总容量（bps）
1997 年 10 月底	62 万	29.9	4 066	1 500	25.4M
1998 年 6 月底	118 万	54.2	9 415	3 700	84.6M
1998 年 12 月底	210 万	74.7	1.84 万	5 300	143.3M
1999 年 6 月底	400 万	146	2.9 万	9 906	241M
1999 年 12 月底	890 万	350	4.87 万	1.5 万	351M
2000 年 6 月底	1 690 万	650	9.97 万	7.2 万	1.2G
2000 年 12 月底	2 250 万	892	12.2 万	26.5 万	2.7G
2001 年 6 月底	2 650 万	1 002	12.8 万	24.3 万	3.2G
2001 年 12 月底	3 370 万	1 254	12.7 万	27.7 万	7.4G
2002 年 6 月底	4 580 万	1 613	12.6 万	29.3 万	10.3G
2002 年 12 月底	5 910 万	2 083	18 万	37.2 万	9.2G
2003 年 6 月底	6 800 万	2 572	25 万	47.4 万	18.2G
2003 年 12 月底	7 950 万	3 089	34 万	59.6 万	26.6G
2004 年 6 月底	8 700 万	3 630	38 万	62.7 万	52.7G
2004 年 12 月底	9 400 万	4 160	43 万	66.9 万	72.7G
2005 年 6 月底	1.03 亿	4 560	62 万	67.8 万	80.7G
2005 年 12 月底	1.11 亿	4 950	110 万	69.4 万	133G
2006 年 6 月底	1.23 亿	5 450	119 万	79 万	209G
2006 年 12 月底	1.37 亿	5 940	180 万	84.3 万	251G
2007 年 6 月底	1.62 亿	6 710	615 万	131 万	305G
2007 年 12 月底	2.1 亿	7 800	900 万	150 万	360G
2008 年 6 月底	2.53 亿	8 470	1 190 万	192 万	482G
2008 年 12 月底	2.98 亿	—②	1 357 万	288 万	625G

1.3.2 我国的主要网络应用情况

互联网的各种应用可以分为如下几类：网络媒体、互联网信息检索、网络通讯、网络社区、网络娱乐、电子商务、网络金融等应用。根据中国互联网络信息中心（CNNIC）于 2009 年 1 月发布的《第 23 次中国互联网络发展状况统计报告》，可以了解到我国网民的主要网络应用情况。在此做一个简要介绍，并对相关应用在 2007 年与 2008 年的发展情况做一个简单比较。③

1. 网络媒体

2008 年网络媒体的使用率较 2007 年提升了近 5 个百分点，达到 78.5%，用户群体增长 7 900 万人，达到 23 400 万人。参见表 1—2。

---

① 数据来源：中国互联网络信息中心（CNNIC）历次发布的中国互联网络发展状况统计报告。
② 由于计算机在家庭的普及，自《第 23 次中国互联网络发展状况统计报告》起，不再统计家庭上网计算机台数。
③ 本节主要数据来源于中国互联网络信息中心（CNNIC）发布的《第 23 次中国互联网络发展状况统计报告》。

表 1—2　2007—2008 年网络媒体用户对比

	2007 年底		2008 年底		变化	
	使用率	网民规模（万人）	使用率	网民规模（万人）	增长量（万人）	增长率
网络媒体	73.6%	15 500	78.5%	23 400	7 900	51.0%

　　互动性是网络新闻最重要的特点之一，它将传统媒体与受众的传播关系转变为双向或多向互动的传播关系。另一方面，网络新闻在表现形式上实现了多媒体整合运作，表现力与感染力更为突出。

　　对重大事件，例如奥运会的报道，使网络媒体站到了主流媒体行列。

　　2. 互联网信息检索

　　搜索引擎是网民在互联网中获取所需信息的基础应用，目前搜索引擎的使用率为68.0%，在各互联网应用中位列第四。2008 年全年搜索引擎用户增长了 5 100 万人，年增长率达到 33.6%。由于互联网整体网民规模快速增长，新增网民中低学历网民比重增大，而该部分网民的搜索引擎的使用率较低，导致搜索引擎的整体使用率下降。参见表 1—3。

表 1—3　2007—2008 年信息检索类应用用户对比

	2007 年底		2008 年底		变化	
	使用率	网民规模（万人）	使用率	网民规模（万人）	增长量（万人）	增长率
搜索引擎	72.4%	15 200	68.0%	20 300	5 100	33.6%
网络求职	10.4%	2 200	18.6%	5 500	3 300	150%

　　搜索引擎的使用存在明显的城乡、年龄、学历、收入上的差异：城镇网民搜索引擎使用率明显高于农村；20～40 岁网民搜索引擎使用率明显高于其他人群；学历越高，搜索引擎使用率越高；收入越高，搜索引擎使用率越高。搜索引擎应用人群的特点决定了它在互联网领域的高商业价值。

　　3. 网络通讯

　　网络通讯类应用的情况参见表 1—4。

表 1—4　2007—2008 年网络通讯类应用用户对比

	2007 年底		2008 年底		变化	
	使用率	网民规模（万人）	使用率	网民规模（万人）	增长量（万人）	增长率
电子邮件	56.5%	11 900	56.8%	16 900	5 000	42%
即时通信	81.4%	17 100	75.3%	22 400	5 300	31%

　　（1）电子邮件

　　2008 年电子邮件使用率为 56.8%，与 2007 年保持在同一水平上。研究发现：网民学历越高，电子邮件使用率越高；职业分类中的办公室人员、管理者、大学生等电子邮件的使用率明显高于其他人群。随着互联网的进一步普及，网民的学历结构会继续向低学历人群倾斜，而随着互联网向办公场所的进一步普及，会有越来越多的职业人群使用电子邮件。将以上两种因素结合考虑，未来电子邮件的使用人群会继续增长，这种增长在职业人群中尤其明显，但是由于低学历人群不断涌入互联网用户大军，未来电子邮件使用率也会有走低的趋势。

（2）即时通信

即时通信承载的功能日益丰富，一方面正在成为社会化网络的连接点，另一方面，其平台性也使其逐渐成为电子邮件、博客、网络游戏和搜索等多种网络应用的重要入口。

2008 年底即时通信应用的使用率为 75.3%，比起 2007 年底，用户群规模增长了5 300万人，但使用率降低了 6.1%。从年龄分析来看，40 岁及以上人群即时通信用户所占比重略高于 2007 年，主要的用户增量体现在 40 岁及以上的老网民中，而 40 岁以下的即时通信用户使用率均出现了下降。

4. 网络社区

网络社区类应用的情况参见表 1—5。

表 1—5　　　　　　　　　　　2007—2008 年网络社区类应用用户对比

	2007 年底		2008 年底		变化	
	使用率	网民规模（万人）	使用率	网民规模（万人）	增长量（万人）	增长率
拥有博客			54.3%	16 200		
更新博客	23.5%	4 900	35.2%	10 500	5 600	114.3%
论坛/BBS			30.7%	9 100		
交友网站			19.3%	5 800		

（1）交友网站

2008 年交友网站较 2007 年有较大规模的增长，目前使用率达到 19.3%。婚恋交友网站通过与电视等传统媒体的合作等方式，提高了对用户的影响力，网民对专业婚恋交友网站的认同程度也在提高，用户规模在持续增长。校园和职场网络交友形式，在 2008 年发展非常迅速，凭借已有的用户规模基础，吸引了更多的新用户加入。丰富的应用种类（如网页游戏）和使用手段（如手机交友），为交友网站的用户增长起到了巨大的推动作用。

（2）博客

2008 年博客用户规模持续快速发展，截至 2008 年 12 月底，在中国 2.98 亿网民中，拥有博客的网民比例达到 54.3%，用户规模为 1.62 亿人。在用户规模增长的同时，中国博客的活跃度有所提高，半年内更新过博客的比重较 2007 年底提高了11.7%。博客数量的增长带来了用户聚集的规模效应。博客频道在各类型网站中成为标准配置，其中 SNS 元素的加入对博客用户的增长起到了推动作用。博客的影响力进一步加强。

5. 网络娱乐

网络娱乐类的应用情况参见表 1—6。

表 1—6　　　　　　　　　　　2007—2008 年网络娱乐类应用用户对比

	2007 年底		2008 年底		变化	
	使用率	网民规模（万人）	使用率	网民规模（万人）	增长量（万人）	增长率
网络游戏	59.3%	12 500	62.8%	18 700	6 200	49.6%
网络音乐	86.6%	18 200	83.7%	24 900	6 700	36.8%
网络视频	76.9%	16 100	67.7%	20 200	4 100	25.5%

（1）网络游戏

2008 年网络游戏用户规模继续保持增长的态势，用户使用比例从 2007 年的 59.3% 升至 2008 年的 62.8%，这主要受益于网络游戏产品内容以及形式的丰富：一方面，网络游戏产品内容的多样化加大了其向高低两个年龄段用户的扩张力度；另一方面，网页游戏作为新兴的游戏形式在 2008 年得到了迅速的发展，其无需下载客户端、操作方便等特性使工作时间玩游戏成为可能性，而 SNS 网站加入了网页游戏因素，又进一步加大了网络游戏的传播范围。

（2）网络音乐

网络音乐仍然是中国网民的第一大应用服务，虽然用户使用比例从 2007 年的 86.6% 下降至 2008 年的 83.7%，但用户数量仍然增长了 6 700 万人。网络音乐的高普及率源自于其大众化的内容以及使用的便捷性，用户进入门槛较低，而这些特性也促使其成为推动互联网普及的主要推动力之一。

（3）网络视频

网络视频用户只有轻度增长，相比 2007 年底净增 4 000 多万用户，达到 2.02 亿人。网络视频的用户主要集中在 30 岁以下的年轻人群。

6．电子商务

电子商务是与网民生活密切相关的重要网络应用。其应用情况参见表 1—7。在 2008 年中，网络购物市场的增长趋势明显。目前的网络购物用户人数已经达到 7 400 万人，年增长率达到 60%。比较国外的发展状况，韩国网民的网络购物比例为 60.6%，美国为 71%，均高于中国网络购物的使用率。

表 1—7　　　　　　　　　　2007—2008 年电子商务类应用用户对比

	2007 年底		2008 年底		变化	
	使用率	网民规模（万人）	使用率	网民规模（万人）	增长量（万人）	增长率
网络购物	22.1%	4 600	24.8%	7 400	2 800	60.9%
网络售物			3.7%	1 100		
网上支付	15.8%	3 300	17.6%	5 200	1 900	57.6%
旅行预订			5.6%	1 700		

除网络购物外，网络售物和旅行预订也已经初具规模，网络售物网民数已经达到 1 100 万人，通过网络进行旅行预订的网民数达到 1 700 万人。需要指出的是，这里的网络售物不仅包括网络开店，也包括在网上出售二手物品。

与网络购物密切关联的网上支付发展十分迅速，目前使用的网民规模已经达到 5 200 万人，年增长率达到 57.6%。有力地推动了网络购物的发展。

7. 网络金融

网络金融类的应用情况参见表1—8。

表1—8　　　　　　　　　2007—2008 年网络金融用户对比

	2007 年底		2008 年底		变化	
	使用率	网民规模 （万人）	使用率	网民规模 （万人）	增长量 （万人）	增长率
网上银行	19.2%	4 000	19.3%	5 800	1 800	45%
网络炒股	18.2%	3 800	11.4%	3 400	—400	—10.5%

（1）网上银行

网上银行在 2008 年增长缓慢，目前使用率为 19.3%。网上银行的主要用户是大学生与白领。在校大学生基本在入学之际，就已经办理相应的银行账户，方便学校的管理以及学生与家长之间的财务管理。大学生和白领人群等高教育水平人群，有着较高的互联网操作技能，对网上银行有着很强的使用需求，但对目前网上银行业务的安全性不够信任，影响了用户使用比例的上升。

（2）网络炒股

网络炒股的主要用户群体是企业职工、专业技术人员和一部分大学生。网络炒股行为与股市的变化有直接的关系，受中国股市/基金市场的影响，中国网络炒股应用比例出现下降趋势，2008 年网民的使用率只有 11.4%，用户规模也下降了 400 万。

8. 网上教育

2008 年网上教育的使用率为 16.5%，基本与 2007 年持平。网上教育主要应用人群是中小学生和普通在职人员。参见表1—9。

表1—9　　　　　　　　　2007—2008 年网上教育用户对比

	2007 年底		2008 年底		变化	
	使用率	网民规模 （万人）	使用率	网民规模 （万人）	增长量 （万人）	增长率
网上教育	16.6%	3 500	16.5%	4 900	1 400	40%

“校校通”工程促进了中国的中小学学校互通与上网平台的建设，且近年来中小学生的课堂教育已不能满足家长们对孩子的期望，各种网上的补习班和课程都开始成为中小学生的学习内容。而随着就业压力的增大，已工作的普通在职人员更加注重专业能力的培养，英语、会计等网上教育课程，由于更容易分配时间，成本相对低廉，得到了在职人员的推崇。未来几年网上教育将会有较好的发展空间。

1.4 思考与练习

1. 名词解释：

计算机网络　批处理技术　分时技术　通信子网　资源子网　协议　网络体系结

构　计算机网络的拓扑结构　Internet　Intranet　TCP/IP 协议　IP 地址　域名系统

2. 计算机网络一般由哪几部分组成？

3. 计算机网络有哪几种工作模式？

4. 什么是域名？如何理解域名、IP 地址及网址间的关系？

5. 试述 Internet 的发展历史。

6. 试介绍 Internet 在中国的发展情况。

第 2 章

浏览器与电子邮件

在 Internet 的各项应用中，网页浏览器和电子邮件是基础应用。其他各种形式的 Internet 应用大部分都是在这两项应用的基础上进行的。因此，本章先向读者介绍如何使用和用好网页浏览器与电子邮件。

2.1 网页浏览器的使用

在 Internet 的各项应用中，WWW（Word Wide Web，简称 Web 或万维网）是其中最主要的信息服务形式，它的影响力远远超出了专业技术范畴，并已经进入多个行业领域。

所谓 WWW，是建立在客户机/服务器模型之上，以 HTML 语言和 HTTP 协议为基础，能够提供面向各种 Internet 服务的、一致的用户界面的信息浏览系统。其中 WWW 服务器利用超文本链路来链接信息页，这些信息页既可以放置在同一主机上，也可以放置在不同地理位置的不同主机上。文本链路由统一资源定位符（URL，俗称"网址"）维持。WWW 客户端软件（WWW 浏览器，也即 Web 浏览器或网页浏览器）负责信息显示和向服务器发送请求。

> **关于网址**
>
> 网址（http 地址）是"统一资源定位符（URL）"的一种。其常见的格式如下：
>
> http://www.ruc.edu.cn，
>
> 其中的"http://"是用于在 Internet 上传输信息的"超文本传输协议"；"www"是表示多媒体网页信息服务的主机；"ruc.edu.cn"是该网站的主域名。网址表明如何访问哪个网站的什么服务。

WWW 服务的特点在于高度的集成性，它能把各种类型的信息（如文本、图像、声音、动画、视频影像等）和服务（如 News，FTP，Telnet，Gopher，Mail 等）无缝连接，提供生动的图形用户界面（GUI）。WWW 为全世界人们提供查找和共享信息的手段，是人们进行动态多媒体交互的最佳方式。

WWW 浏览的过程是这样实现的：通过 TCP/IP 网络，WWW 浏览器首先与 WWW 服务器建立连接，浏览器发送客户请求，WWW 服务器做出相应的响应，回送应答数据，最后关闭连接，这样完成一次基于 HTTP 协议的会话。WWW 浏览器能够处理 HTML 超文本，提供图形用户界面。

下面我们以目前应用最广泛的 IE 为例来对浏览器的使用进行说明。

1. IE 的启动

如图 2—1 所示，从桌面、任务栏或程序栏中打开网络浏览器程序，如 Internet Explorer（简称 IE）或 Netscape。在浏览器的网址栏打上网址并按回车，即可以开始浏览网站，如图 2—2 所示。

图 2—1　通过多种方式可以启动网页浏览器

其实，启动网页浏览器的方式并不止一种。例如：

➢ 从操作系统桌面双击 IE 浏览器图标，启动 IE 浏览器。

➢ 在屏幕底部任务栏中单击浏览器图标，启动 IE 浏览器。

➢ 在"开始"的快捷菜单中单击浏览器图标，启动 IE 浏览器。

➢ 在"开始"｜"所有程序"中单击浏览器图标，启动 IE 浏览器。

➢ 在"开始"｜"运行"中选择 IE 浏览器来运行。

➢ 在资源管理器中选择 IE 浏览器双击运行。

➢ ……

图 2—2　在浏览器的地址栏输入网址即可浏览网页

2. 设置浏览器首页

一般情况下，我们会将最常访问的网页设置为浏览器的首页。设置方法为在 IE 的"工具"菜单中选择"Internet 选项"命令，在其"地址（R）"一栏中输入要设置的网址即可，如图 2—3 所示。

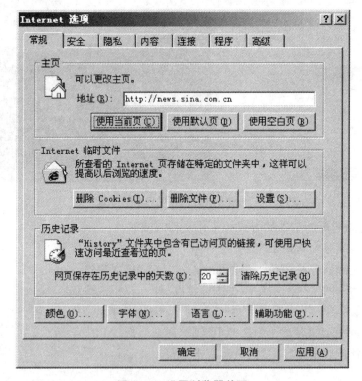

图 2—3　设置浏览器首页

3. 多浏览窗口

有时候，需要同时在多个窗口中显示多个页面。这只要在访问相应的链接时通过点击鼠标右键并选择其中的"在新窗口中打开（N)"即可。也可以通过按 Shift 同时按鼠标左键点击链接即可。

4. 不显示图片

对于网速较慢的情况，为了尽快地显示网页文字，可以选择不显示图片的方式。方法是从"工具"菜单的"Internet 选项"之"高级"选项卡中取消"显示图片"功能即可，如图 2—4 所示。

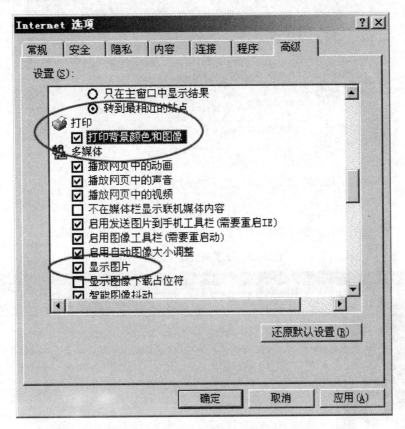

图 2—4　设置打印背景颜色和图像、是否在网页中显示图片

5. 使用网页缓存

为了尽快地显示以前访问过的网页，可以设置一定的网页缓存空间。对于没有更新的网页，浏览器将直接显示保存在缓存中的网页内容。设置命令为"工具"菜单的"Internet 选项｜常规｜Internet 临时文件｜设置"，如图 2—5 所示。

6. 网页存盘

如果想把某网页保存下来，只要从浏览器的"文件"菜单中选择"另存为"命令即可。特别要注意的是保存的文件类型，如图 2—6 所示。如果只想保存页面的文字，可以选择"文本文件"，这样保存下来的文件最小。如果想把页面按 HTML 格式保存，但不需要其中的图片等附件，可以选择"网页，仅 HTML"。如果想把整个页面上的所有内容都保存下来，应选择"网页，全部"选项。

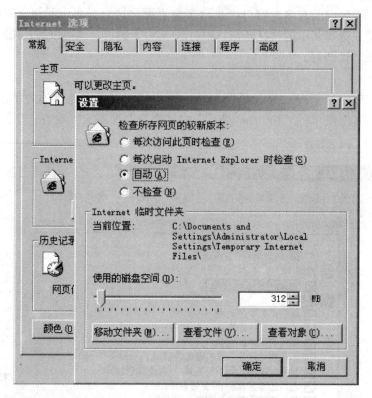

图 2—5 设置网页缓存区的大小

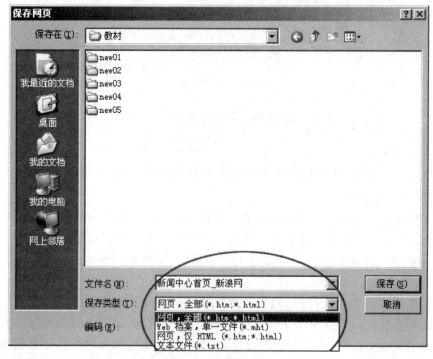

图 2—6 保存网页

7. 打印网页

如果想把某网页打印下来，只要从浏览器的"文件"菜单中选择"打印"命令即可。特别要注意的是，如果想把网页上的背景颜色和图像也打印出来，应选择"工具"菜单的"Internet 选项 | 高级 | 打印背景颜色和图像"，如图 2—4 所示。

8. 收藏夹（网络书签）

如果想把喜欢的网页位置记录下来，以便以后可以再次方便地访问，可以通过浏览器的收藏夹（即网络书签功能）来实现。只需要在要收藏的网页中，选择浏览器的"收藏"菜单中的"添加到收藏夹"命令，并在随后出现的对话框中进行设置即可。如图 2—7 所示。

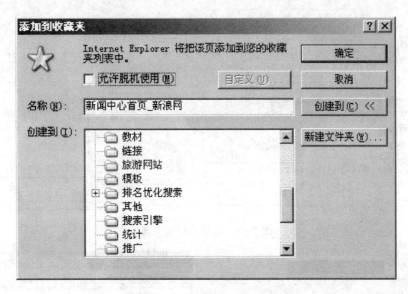

图 2—7 将网页添加进收藏夹

9. 设置代理服务器

因各种条件限制，有时可能无法访问某些网页，这时可以通过设置代理服务器的方法来实际访问这些网页的功能。操作步骤是从浏览器的"工具"菜单中选择"Internet 选项"命令，在出现的对话框中按顺序选择"连接" | "局域网设置" | "代理服务器" | "高级"命令即可。如图 2—8 所示。

10. 查看网页源代码

构成网页的基础，是 HTML 源代码。虽然现在大部分网页是通过使用各类工具软件来制作完成的，但有时，通过阅读其底层源代码，对帮助我们学习网页制作、调整网页格式均会有帮助。

要查看一个网页的源代码，可在网页上右击鼠标钮，选择"查看源文件（V）"，即可显示该网页的 HTML 源代码。如果网页是以 ASP 或其他动态程序编制的，亦会显示其经浏览器解释后的 HTML 源代码。如图 2—9 所示。

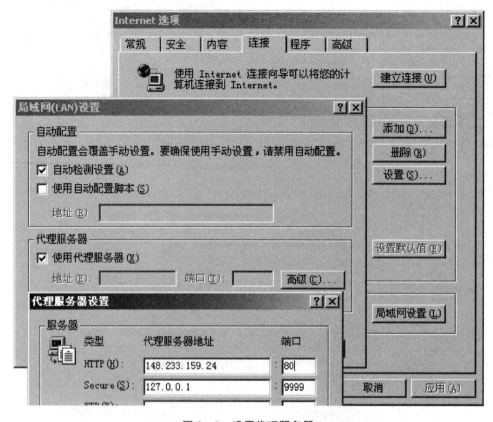

图 2—8 设置代理服务器

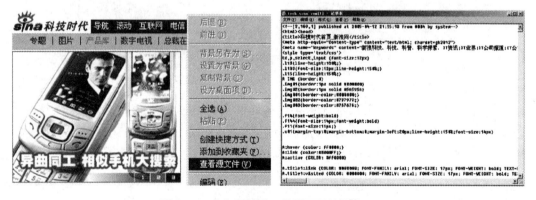

图 2—9 右击鼠标键，查看网页的源代码

11. 安全性设置

在"Internet 选项"对话框的"安全"设置区中，可以对网页浏览时浏览器的安全级别进行相应的设置。如图 2—10 所示。

12. 更多高级选项设置

在"Internet 选项"对话框的"高级"设置区中，可以对浏览器的更多高级内容进行设置。如图 2—11 所示。

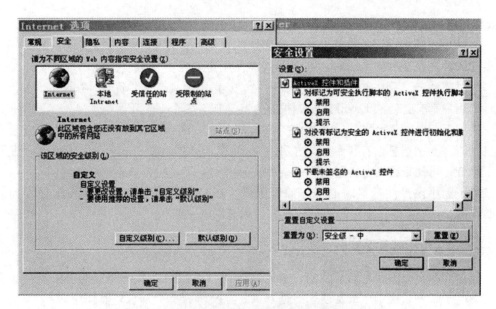

图 2—10 浏览器安全级别设置

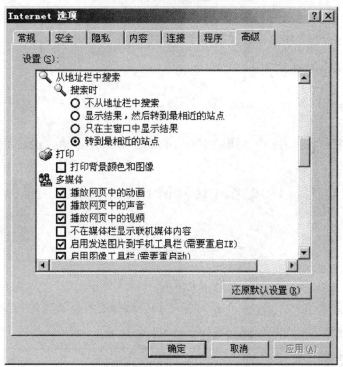

图 2—11 浏览器更多高级选项设置

2.2 电子邮件（Email）服务

电子邮件（Email）服务是 Internet 最重要的信息服务方式之一，它为世界各地的

Internet 用户提供了一种极为快速、简便和经济的通信方式和信息交换手段。

与常规信函相比，电子邮件具有速度快的优势，通过电子邮件传递信息的时间只需要几分钟甚至几秒钟。同时，电子邮件的使用是非常方便和自由的，不需要跑邮局或是另付邮费，只要在电脑上就可以轻松完成。正因为具有这些优点，Internet 上数以亿计的用户都有自己的 Email 信箱，很多人甚至拥有多个 Email 信箱。

使用 Email 不仅可以发送和接收英文文字信息，同样也可以发送和接收中文及其他各种语言文字信息，有些专用电子邮件收发工具软件（如 Foxmail）还可以收发图像、声音、可执行程序等各种类型的文件。

除了为用户提供基本的电子邮件服务外，还可以使用电子邮件系统给邮件列表（Mailing List）中的每个注册成员分发邮件和提供电子期刊。

2.2.1 电子邮件系统有关协议

和访问网页时需要有协议支持一样，电子邮件系统也需要有相应的协议支持。在目前的电子邮件系统中，最常使用的是 POP3 协议和 SMTP 协议，其作用如下：

- POP3（Post Office Protocol）即邮局协议，目前是第 3 版，一般用于收信。
- SMTP（Simple Mail Transfer Protocol）即简单邮件传输协议，一般用于发信。

此外，还有其他一些协议，如 IMAP4、MIME 等，在此不多叙述。

2.2.2 Email 信箱格式

Email 信箱是以域为基础的，如 abc@ruc.edu.cn 就是中国人民大学中使用的 Email 信箱。

在电子邮件系统中，用户使用的 Email 信箱是具有固定格式的，一般分为 3 个部分，如图 2—12 所示。

图 2—12 Email 信箱的组成格式

例如，在 Email 信箱 xyz@263.net 中，其各部分的组成如表 2—1 所示。

表 2—1　　　　　Email 信箱 xyz@263.net 的组成元素

组成元素	值
用户名（账号）	xyz
邮局（邮件服务器）	263.net

2.2.3 申请免费 Email 信箱

一般情况下，要申请免费的电子信箱，首先需要访问电子邮件服务提供商的网站，找到申请入口，然后选择适当的用户名，填写密码及其他注册资料后即可。下面以网易免费电子信箱为例进行介绍。

在浏览器中输入网易电子邮局网址：http://mail.163.com。如图 2—13 所示。

图 2—13　网易电子邮局首页

选择网页上的"注册……免费邮箱"项（此选项可能会随服务更新而变化），显示用户服务条款。如图 2—14 所示。

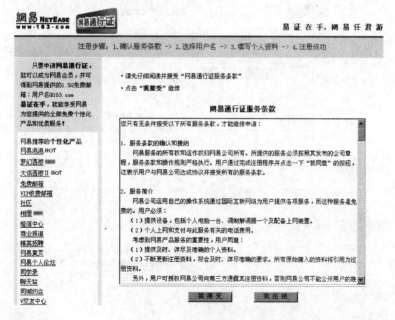

图 2—14　用户服务条款

接受所列示的服务协议后，进入下一步，选择一个用户名，设置相关的密码和其他安全设置项，如图 2—15 所示。

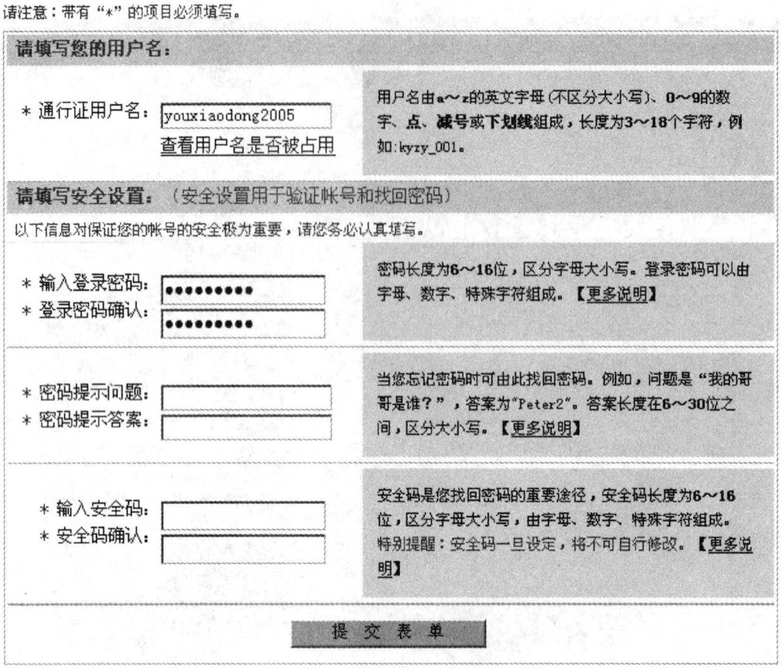

图 2—15　输入用户名、密码和相关安全设置

在随后出现的页面中，填写简单的用户资料。如图 2—16 所示。

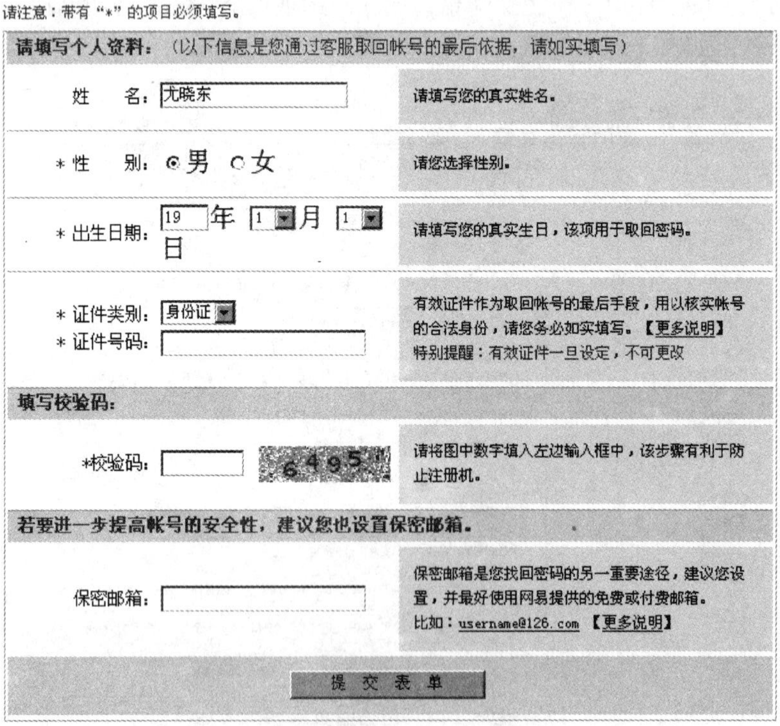

图 2—16　输入简单的用户资料

输入资料并按"确认"键后，完成网易通行证的注册。如图 2—17 所示。

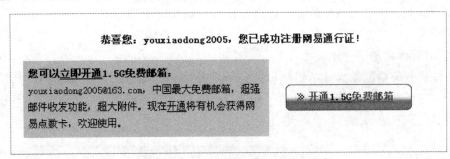

图 2—17　完成网易通行证的注册

点击其中的"开通免费邮箱"字样，正式开通免费邮箱，并显示相关的使用介绍。如图 2—18 所示。

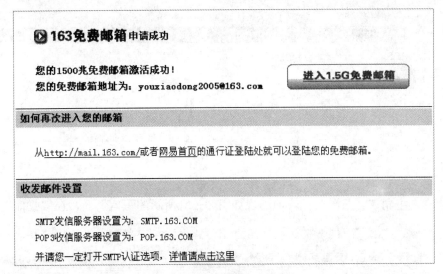

图 2—18　免费邮箱申请成功

在申请到 Email 信箱后，用户即可以使用电子邮件系统的各项功能。下面介绍电子邮件系统的使用方法。

2.2.4　电子邮件的使用方式

电子邮件的使用，一般可以分为网页方式和客户端软件方式这两种方式。

所谓网页方式电子邮件系统，是指使用浏览器访问电子邮件服务商的电子邮件系统网址，在该电子邮件系统网址上，输入用户名和密码，进入用户的电子邮件信箱，然后处理用户的电子邮件。这样，用户无须特别准备设备或软件，只要有机会浏览互联网，即可使用电子邮件服务商提供的电子邮件服务。

所谓客户端软件方式电子邮件的使用，是指用户使用一些安装在个人计算机上的支持电子邮件基本协议的软件产品，使用和管理电子邮件。这些软件产品（例如 Microsoft Outlook 和 FoxMail）往往融合了最先进、全面的电子邮件功能，利用这些客户端软件用户可以进行远程电子邮件操作，还可以同时处理多个账号的电子邮件。

远程 Email 信箱操作有时是很重要的。在下载电子邮件之前，对信箱中的电子邮件根据发信人、收信人、标题等内容进行检查，以决定是下载还是删除，这样可以防止把联网时间浪费在下载大量垃圾邮件上，还可以防止病毒的侵扰。

1. 网页方式电子邮件系统

首先找到邮箱服务首页，如 http://mail.163.com。输入用户名和密码，登录成功后，进入电子邮件系统的工作页面，如图 2—19 所示。一般来说，该工作页面分为左边的目录区和右边的工作区。

图 2—19　邮箱首页

点击左上角"写信"按钮，即出现如图 2—20 所示的写信页面，在"收信人"一

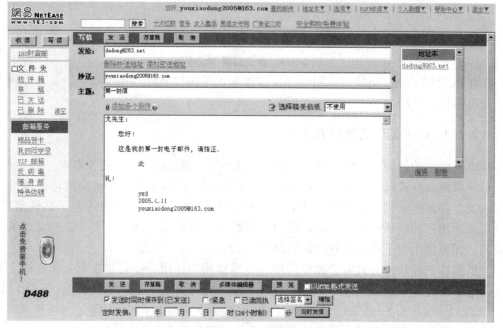

图 2—20　写信

栏中填入收信人的 Email 信箱，在"主题"一栏中填入信件的主题，在正文区中写入信件的正文。另外，还可以通过"抄送"和"暗送"功能将信件抄送给第三方，通过"附件"将更多的附件文件发送给收件人。

　　信件写完后，点击页面上的"发送"按钮，即可将写好的信件发出。

　　如果想收信，只要点击左列的"收信"按钮即可，此时，右列工作区将出现如图2—21 所示的收信页面，其中列出了收到的邮件的标题清单。

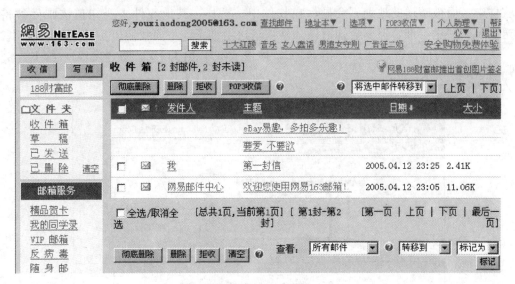

图 2—21　收信页面

　　点击其中的一个邮件标题，屏幕上将出现信件的内容，如图 2—22 所示。读信后，如果需要回复信件或将信件转发给其他人，只要分别选择信件顶行的相应选项即可。

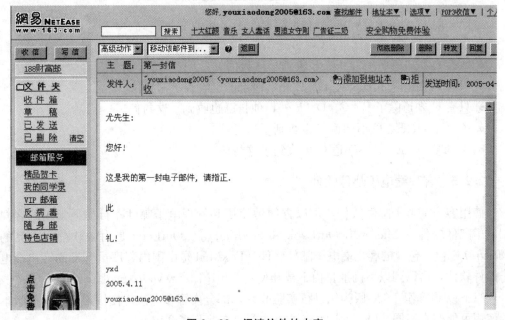

图 2—22　阅读信件的内容

其他更多的功能,如地址本、文件夹的管理等,使用起来非常方便,在此不多赘述。

网上的 Email 信箱使用完毕后一定要退出,以保障不丢失信息和不被别人盗用。

2. 电子邮件中抄送与暗送的区别

在电子邮件系统的使用过程中,很多初学者不太明白抄送(CC)和暗送(BC)的区别。抄送和暗送的地址都将收到邮件,不同之处在于被抄送的地址将会显示在收件中,而被暗送的地址不会显示在收件中。这样,其他收件人会知道该邮件被寄送给谁和抄送给谁,但不会知道该邮件被暗送给谁了。下面我们以实例来加以说明。

例:A 写信,寄送(To)给 B、C,抄送(CC)给 D、E,暗送(BC)给 F、G。如图 2—23 所示,此时:

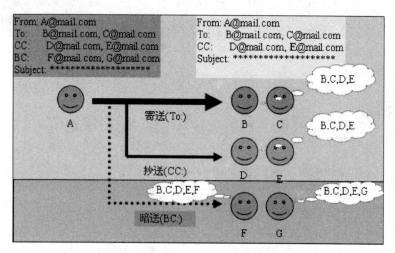

图 2—23 寄送、抄送和暗送的异同

- B、C、D、E、F、G 都会收到这封信。
- 信头部分会写着寄送 B、C,抄送 D、E。
- 所有人都知道 B、C、D、E 收到了这封信。
- 只有 F 知道除了 B、C、D、E 外,他自己也收到了这封信。
- 只有 G 知道除了 B、C、D、E 外,他自己也收到了这封信。
- B、C、D、E、G 不知道 F 也收到了这封信。
- B、C、D、E、F 不知道 G 也收到了这封信。

2.2.5 客户端电子邮件软件

使用客户端电子邮件软件,可以方便地使用和管理电子邮件。目前最常用的客户端电子邮件软件有 Microsoft OutLook 和 FoxMail 等。OutLook 是由微软公司出品的 Office 软件包中包含的客户端电子邮件软件。FoxMail 是由国内程序员开发的客户端电子邮件软件,可以到以下网址自由下载和使用:http://www.foxmail.com.cn。

以下以 FoxMail 6.0 版为例进行实验介绍,部分内容参考软件使用帮助。其他版本的使用可能略有不同。Outlook 也有类似功能,在此不多介绍。

1．建立邮件账户

在 Foxmail 安装完毕后，第一次运行时，系统会自动启动向导程序，引导用户添加第一个邮件账户。如图 2—24 所示。

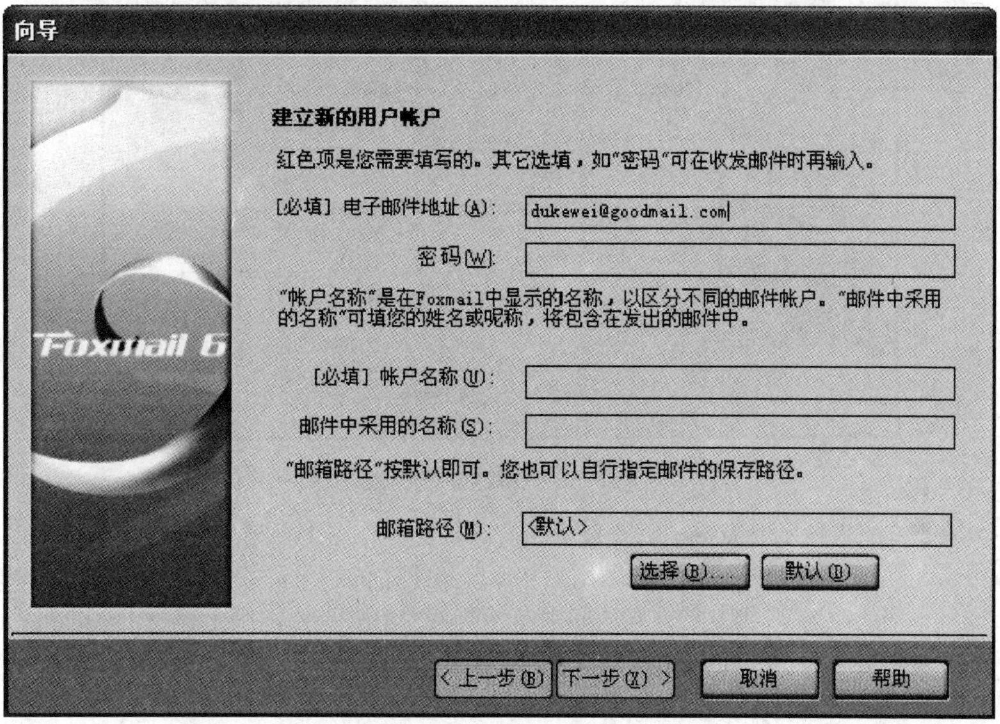

图 2—24　添加邮件账户

图 2—24 中标注［必填］的项是必须填写的，其他项是可以选填的。

在"电子邮件地址"输入栏输入完整的电子邮件地址。

在"密码"输入栏输入邮箱的密码，可以不填写，但是这样在每次 Foxmail 开启后的第 1 次收邮件时就要输入密码。

在"账户名称"输入栏输入该账户在 Foxmail 中显示的名称。可以按用户的喜好随意填写。Foxmail 支持多个邮箱账户，通过这里的名称可以让用户更容易区分、管理它们。

在"邮件中采用的名称"输入栏输入姓名或昵称。这一内容用来在发送邮件时追加姓名，以便对方可以在不打开邮件的情况下知道是谁发来的邮件。如果不输入这一项，对方将只看到邮件地址。

"邮箱路径"这一栏则是用来设置和修改账户邮件的存储路径。一般不需要设置，这样该账户的邮件将会存储在 Foxmail 所在目录的 mail 文件夹下，以用户名命名的文件夹中。如果要将邮件存储在自己认为适合的位置，则可以点击"选择"按钮，在弹出的目录树窗口中选择某个目录。

接着点击"下一步"按钮。

这时 Foxmail 会判断电子邮件地址是否属于互联网上比较常用的电子邮箱，如果是的话，Foxmail 会自动进行相应的设置，继而就可以完成账户的建立，如图 2—25 所示。

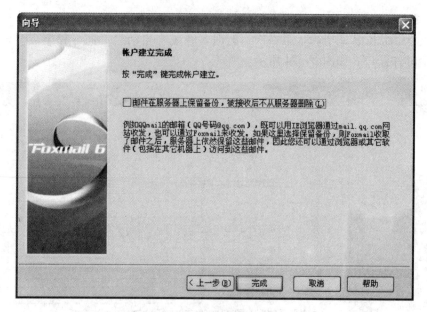

图 2—25 完成账户的建立

在图 2—25 所示的窗口中，有设置项"邮件在服务器上保留备份，被接收后不从服务器删除"。如果选中，则邮件收取后在原邮箱中还依然保留备份，也可以通过其他方式——例如通过 IE 浏览器方式访问邮箱，或者在另外一台电脑上通过 Foxmail——获取这些邮件。如果保留备份的话，要注意避免出现邮件一直没有清理而造成邮箱空间占满的情况。

如果 Foxmail 无法对用户的邮件地址进行自动设置，则在完成之前，还会显示"指定邮件服务器"的设置窗口，如图 2—26 所示。

图 2—26 指定邮件服务器

这一步填写"POP3 服务器"、"POP3 账户名"及"SMTP 服务器"。

要查询免费邮箱正确的服务器地址，一般可以通过登陆免费邮箱页面（或者可能的话，直接咨询邮件系统管理员），在帮助文档中会介绍 POP3 和 SMTP 的填写方法。

POP3 账户名就是用户的邮箱名称，即 Email 地址中"@"号前面的字符串（也有的邮件系统要求是整个邮件地址）。

点击"下一步"按钮，完成账户的建立，如图 2—25 所示。

在第一次运行 Foxmail 时，会弹出信息窗口，询问是否把 Foxmail 设为默认邮件程序，如果选择是，则在其他软件中准备撰写邮件时系统将会自动开启 Foxmail。

2．撰写邮件和发送

启动 Foxmail 后，其完整的工作区域如图 2—27 所示。

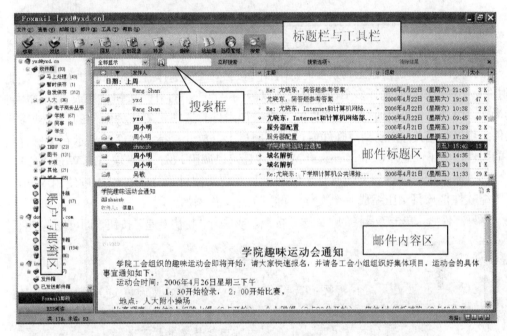

图 2—27　Foxmail 全景图

单击按钮工具条上的"撰写"按钮，打开写邮件窗口，在这里可以撰写和发送邮件。如图 2—28 所示。

在写邮件窗口上方的"收件人"栏，填写该邮件接收人的 Email 地址。如果需要把邮件同时发给多个收件人，可以用英文逗号（","）分隔多个 Email 地址。

在"抄送"栏，填写其他联系人的 Email 地址，邮件将抄送给这些联系人。这一栏可以不填写。

在"主题"栏，填写邮件的主题。邮件的主题可以让收信人大致了解邮件的可能内容，也可以方便收信人管理邮件。这一栏可以不填写。

附件是随邮件一同寄出的文件，文件的格式不受限制，这样电子邮件不仅仅能够传送纯文本文件，而且还能传送包括图像、声音以及可执行程序等在内的各种文件。附件发送功能大大地扩展了电子邮件的用途。

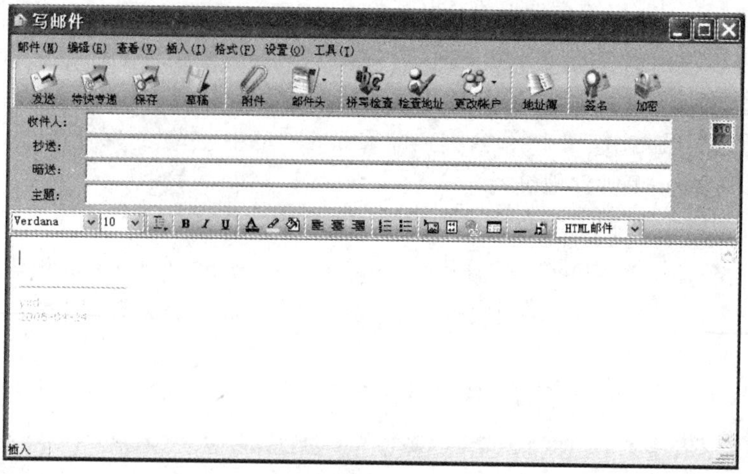

图 2—28　写邮件

写邮件时，单击按钮工具条上的"附件"按钮，可以选择需要添加的"附件"文件。"附件"文件可以同时选择多个，选取完毕以后，再点击"打开"按钮就完成了添加附件的操作。另外，也可以通过拖放文件的方式添加附件。选中将要作为附件的一个或多个文件，用鼠标把文件拖动到写邮件窗口的主题栏上，放开鼠标，文件就显示在写邮件窗口的附件栏中了。此外，在 Microsoft Word 内还可以调用 Foxmail 发送当前 Word 文档。

如果需要把一个目录下的所有文件和子目录作为附件发送，可以通过使用 WinZip 等压缩软件把该目录压缩成一个文件，再把压缩文件添加为附件。

写好邮件后，单击工具栏的"发送"按钮，或单击"特快专递"按钮，即可发送邮件。

邮件特快专递

有时候可能会遇到这种情况：需要立刻把电子邮件快速地发送到对方的手中，但是使用普通的电子邮件发送方式，不能保证邮件被立刻送到对方邮箱。

Foxmail 提供了邮件特快专递功能，它的特点就是能够找到收件人邮箱所在的服务器，直接把邮件送到对方的邮件服务器中。这样，当发送完毕后，对方就可以立刻收到邮件了。

使用邮件特快专递功能，只要在写完邮件后，点击"邮件"菜单或者工具栏的"特快专递"即可。

注意：特快专递只能发给一个收件人，即在收信人处只能填写一个邮件地址。另外某些接收邮件服务器的反垃圾措施会对发送邮件的机器 IP 地址进行域名反查，如果该 IP 没有一个相应的合法的互联网域名就拒收，对于这样的目标邮件服务器，特快专递是无法投递过去的。

邮件特快专递功能需要调用域名服务器（DNS）查询收件人邮箱对应的 IP 地址，所以必须设置域名服务器地址。

小提示：某些邮件服务器不支持特快专递，此时会返回某个带有错误编号的错误提示。这种情况下只能使用普通的邮件发送方式进行投递。

3．邮件的接收和阅读

如果在建立邮箱账户过程中填写的信息无误，那么接收邮件将会非常简单，只要选中某个邮箱账户，然后单击按钮工具条上的"收取"按钮。如果没有填写密码，系统会提示用户输入。接收过程中会显示进度条和邮件信息提示。

如果不能收取，则可能需要对账户的属性进行设置。办法是选中一个邮箱账户，单击菜单"邮箱"中的"修改邮箱账户属性"项，可以对其中的个人信息、邮件服务器、接收和发送邮件的方式等方面进行设定。需要注意的是，邮箱账户属性的设置是针对各个账户的，如果有多个邮箱账户，需要分别设置。

用鼠标点击邮件列表框中的一封邮件，邮件内容就会显示在邮件预览框。用鼠标拖动两个框之间的边界，可以调整框体显示的大小。邮件预览框显示位置的布局，可以通过主界面最底部状态栏里的 4 个小的布局图标来调整。

双击邮件标题，将弹出单独的邮件阅读窗口来显示邮件。

4．回复、转发、重发邮件

选中目标邮件后，可以通过"邮件"菜单、按钮工具条上的按钮或点击鼠标右键在弹出式菜单上选择以下这些常用操作。

● 回复：给发送者写回信。弹出邮件编辑器窗口的"收件人"中将自动填入邮件的回复地址，默认编辑窗口中包含了原邮件内容，如果不需要，可以将其删除。邮件写完后，像撰写新邮件时一样，选择发送的方式即可。

● 全部回复给所有人：当来信不仅仅发给你一个人的时候，使用这个功能将不仅仅回复给发件者一个人，同时也发送给原始邮件中除你之外所有的收件人、抄送人。

● 转发：将邮件转发给其他人。弹出邮件编辑器窗口将包含原邮件的内容，如果原邮件带有附件的话，也会自动附上，这时还可以编辑修改邮件的内容。在"收件人"中填入要转发到的邮件地址，再选择发送的方式即可。

● 重新发送：重新发送一个已发送过的邮件。可以针对原先已经发送过的邮件（一般可以在已发送邮件箱里找到它）再进行编辑，对内容或地址做出修改后再作为一封新的邮件重新发送。

5．远程邮箱管理

远程邮箱管理功能使用户不用将邮件收取到计算机上，就可以灵活地、有针对性地对保存在服务器邮箱里的邮件进行操作。

使用远程邮箱管理功能，能够在收取邮件内容之前查看服务器上邮件的头信息（包含发件人、主题、日期、大小等基本信息），然后决定对这些邮件是否执行收取、删除或者其他操作。这样就可以从服务器收取指定的邮件，或者从服务器删除垃圾邮件和不需要保留的旧邮件，这比先把邮件收取到计算机上再处理更加快捷、高效。

远程邮箱管理的实现过程如下：首先，从服务器邮箱中收取邮件的头信息；其次，用户就可以根据邮件的头信息来设置准备对邮件执行的操作，如收取、删除等；最后，用户"执行"动作，Foxmail 把用户的设置转换成对应的邮件命令，发送到邮件服务器，完成对邮件的操作。

使用远程邮箱管理的操作步骤如下（参见图 2—29）：

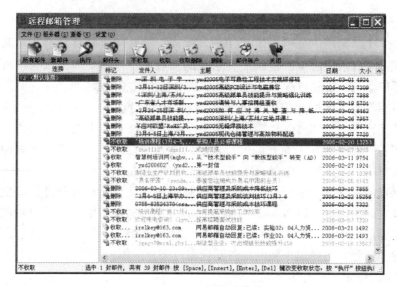

图 2—29　远程邮箱管理

（1）在 Foxmail 邮件主窗口，单击"工具"菜单中的"远程邮箱管理"项，或者单击工具栏的"远程管理"按钮，或者按键盘键 F12，将出现"远程邮箱管理"窗口。

（2）如果在远程邮箱管理窗口的"设置"菜单下选中了"自动取新邮件信息"，那么在打开"远程邮箱管理"窗口时，将会自动收取对应邮箱中新邮件的头信息；否则，请单击工具栏的"所有邮件"或"新邮件"按钮收取邮件的头信息。

单击"所有邮件"按钮，将收取邮箱中所有邮件（包括了曾经收取过，但在服务器上并未被删除的邮件）的头信息。单击"新邮件"按钮，将收取邮箱中新邮件的头信息。

（3）邮件信息收取完之后，在邮件信息列表中选中一个或多个邮件，然后单击"文件"菜单下的命令项，或者单击工具栏的"不收取"、"收取"、"收取删除"或"删除"按钮，设置要对所选邮件执行的动作。

（4）最后单击工具栏上的"执行"按钮，或者单击"服务器"菜单中的"在服务器上执行"命令，执行刚才所设定的操作。

在远程邮箱管理中，还提供了以下功能：

● 在远程管理中查找。远程邮箱管理窗口提供了"查找工具条"，可以在列出的多条邮件信息中，快速找到所需的邮件，还能快速选定符合条件的多个邮件。

● 对邮件头信息进行排序。操作方法是用鼠标单击邮件列表框顶部的列标题栏的某一列，邮件列表信息将按该列进行排序；再次单击该列标题，邮件列表信息将按相反的顺序进行排序。

● 查看所收到邮件头的原始信息。操作方法是在邮件信息列表中选择一个邮件，单击"服务器"菜单中的"邮件头信息"功能项，将弹出邮件头信息窗口，显示邮件头的原始信息。

● 切换远程管理的邮件账号。操作方法是单击"设置"菜单下的"切换邮件账户"，将显示子菜单列出的所有账户。也可以通过按钮条上的"邮件账户"按钮来进行这一操作；单击菜单中另外一个账户，远程邮箱管理将切换至所选账户。

● 同时收取多个 POP3 连接的邮件信息。操作方法是在"远程邮箱管理"窗口左侧，列出了当前管理的账户对应的所有 POP3 连接，如果账户有多个 POP3 连接，可以分别选中各个连接，并单击工具栏的"信息"或者"新信息"按钮，同时收取邮件信息。

6. 邮件管理

在邮件逐渐多起来以后，邮件管理功能就显得非常重要了。Foxmail 主要的邮件管理操作包括：

(1) 过滤显示

过滤显示提供了一个简捷的方式，能方便地精简所关注的邮件的数量，提高效率。

在邮件上方的"过滤与搜索工具栏"中（可以在菜单"查看"中打开这一栏），左端的下拉框提供了过滤显示的功能。

默认是"全部显示"所有的邮件的，可以按其他特定的条件（包括："未读的"、"设置有标签的"、"今天的"、"本周内的"、"本月内的"）来过滤显示邮件或文章列表内容。

要注意的是，在需要的时候不要忘了切换回"全部显示"。

(2) 邮件分组

默认的情况下，邮件列表中的邮件会按时间归于一定的组别（时间的组别包括"今天"、"昨天"、"星期几"、"上周"、"更早"）。这样当邮件夹中堆积了很多邮件时，更容易找到你所需要的邮件。

在需要的时候，也可以将邮件按照其他的要素进行分组（例如，发件人或收件人、主题、大小，等等），方法是通过对邮件排序，邮件在排序的同时也将按相应要素予以分组。

(3) 邮件排序

主窗口邮件列表框的顶部是列表的列标题栏，单击任意一个列标题，将会看到列标题右边出现一个三角符号，单击第二次，三角符号将倒转。二者排列的顺序是相反的。

(4) 搜索邮件

当收件箱中堆积了很多邮件时，要找到所需要的邮件就不太容易了，为此，Foxmail 提供强大而实用的邮件查找功能。

在邮件列表上方的"过滤与搜索工具栏"中（可以在菜单"查看"中打开这一栏），右边的部分提供了搜索的功能。在提供过滤显示的过滤下拉框的右边输入框中输入需要查找的内容，点击"立即搜索"就可以在当前所属的邮件箱内查找符合条件的邮件了（搜索过程中有动态的搜索图标在闪动，在此期间可以按"停止"按钮停止搜索）。搜索的结果将显示在原邮件列表的窗口。当不需要再查看搜索结果时，为了回到显示所有邮件的状态，需点击"清除结果"按钮。

(5) 过滤邮件（过滤器）

随着电子邮件越来越多，为方便用户的日常管理及阅读，Foxmail 提供了邮件过滤器功能。它可按照邮件的收件人、发件人、主题、邮件正文等条件对邮件进行过滤，例如可以将收到的某个邮件杂志的邮件全部自动保存到某个指定的邮箱目录中，也可以做到针对某些符合判断条件的邮件自动进行回复等操作，还可以把符合特定条件的邮件直接在服务器删除。

点击"邮箱"菜单的"过滤器"，可以根据需要，设置过滤器的相应判断条件和对应实施的动作。

要创建新的过滤器，可点击"新建"按钮，窗口右边即出现了过滤器的设置选项，它由两大部分组成，分别是条件和动作。也就是说经过此设置以后，过滤器就会自动地将满足某些条件的邮件执行相应的动作。

用户可以按照自己的需要创建多个过滤器。

(6) 标记邮件

Foxmail 提供了邮件标签，通过标签可以给邮件做各种标记。使用标签可以提醒用户注意某些邮件，给邮件分类，还可以用标签对邮件进行排序，快速找到同类的邮件。

点击"邮箱"菜单下的"修改邮箱账户属性"，选择"标签"项，可以看到有 7 个已经定义好的标签，用户可以根据自己的需要，对标签的名称和颜色进行设置。

在邮件列表中选择一个或多个邮件，点击鼠标右键，选中弹出菜单中的"改变标签"，其下有 7 个标签和"无"的选项。选择其中的标签，当前选中的一个或多个邮件将以所选标签标记，在邮件列表栏以标签的颜色显示。要取消标签，选择"改变标签"下的"无"。

注意，标签只是为了方便用户自己管理邮件，并不会随邮件发送出去的。

(7) 复制、转移、删除邮件

● 复制邮件：选中邮件夹中的一个或多个邮件，单击"邮件"菜单的"复制到"命令，从弹出的邮件夹选择对话框中选择目标邮件夹，最后单击确定按钮；或者选中邮件后，按住 Ctrl 键，然后用鼠标把邮件拖曳到另一个邮件夹上放开鼠标，完成邮件复制。

● 转移邮件：选中邮件夹中的一个或多个邮件，单击"邮件"菜单的"转移到"命令，从弹出的对话框中选择目标邮件夹，最后单击确定按钮；或者选中邮件后，再用鼠标把邮件拖曳到另一个邮件夹上，放开鼠标，完成邮件转移。

● 删除邮件：选中邮件夹中的一个或多个邮件，通过按键盘上的 Delete 键，或者点击"邮件"菜单或右键弹出式菜单的"删除"命令，邮件即被删除。这种删除实际上是把邮件转移到了 Foxmail 的"废件箱"中。要想真正从硬盘上删除邮件，可以到"废件箱"中将其删除，然后压缩废件箱。如果不希望转移到"废件箱"而是直接删除，可以先选择要删除的邮件，按住键盘上的 Shift 键不放，再按 Delete 键完成删除。

(8) 保存邮件

点取主窗口"文件"菜单的"保存为文本"，在弹出一个对话框中输入文件名，再点击"保存"按钮，所选邮件即被存为相应的文本文件。

在"文件"菜单的选项中紧接"保存为文本"选项的是"追加保存为文本"，点击它，弹出和前述一样的对话框，选择一个文本文件，点击"保存"按钮后，邮件内容将被添加在这个已经存在的文本文件的末尾，并用一行"＊"作为不同邮件之间的分隔。"附加保存"功能与"保存"不同之处在于，它仅仅将邮件添加在一个已经存在的文本末尾，而不是将邮件存入一个新的文本或是覆盖一个旧的文本。

（9）导出、导入邮件

点击"文件"菜单的"导出邮件"，弹出"另存为"窗口。对于导出的邮件，可以选择不同的格式保存，在"保存类型"中有四个选项：＊.eml，＊.msg，＊.txt 和 ＊.＊。其中 ＊.eml 表示以 Outlook Express 的邮件格式存放，＊.msg 表示以 MS Exchange 的邮件格式存放。也可以一次性地将多个邮件导出：按住 Ctrl 或者 Shift 键，再用鼠标在邮件列表框中选择多个邮件，然后一起导出。

导入与导出相反，可以把一个或多个邮件文件导入到当前的邮件夹中。

（10）邮件打印

Foxmail 除了可以直接打印邮件以外，还可以对打印效果进行预览。在"文件"菜单中的下方可以找到相关的功能项。

在打印预览中可以直观地看到打印的效果。在打印预览窗口上方，可以设定打印的份数和打印的页码范围，打印预览窗口下方提供了"放大"、"缩小"、"前后翻页"等功能按钮。

7. 地址簿管理

Foxmail 提供了功能非常强大的地址簿，并且与 Foxmail 的邮件功能紧密结合，正确使用地址簿，会为和朋友联系带来很大的方便。

使用地址簿，能够很方便地对用户的 Email 地址和个人信息进行管理。它以卡片的方式存放信息，一张卡片即对应一个联系人的信息，而同时又可以从卡片中挑选一些相关用户组成一个组，这样可以一次性地将邮件发送给组中所有成员。

点击"工具"菜单的"地址簿"项或者工具栏的"地址簿"按钮可以打开地址簿窗口，在窗口中可以对联系人信息进行管理。如图 2—30 所示。

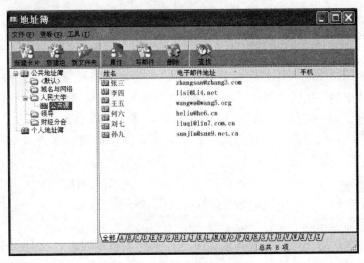

图 2—30　地址簿管理

（1）新建卡片

地址簿中的信息是以卡片形式存在的，在卡片中记录了联系人的 Email 地址、手机号码以及其他一些与联系人相关的信息。

打开地址簿窗口以后，直接点击工具栏中的"新建卡片"按钮，弹出一个创建卡片的对话框，选中"普通"选项页，这里输入联系人的地址信息。在"姓名"栏中输入联系人的姓名，接着在"Email 地址"栏中输入联系人的 Email 地址。联系人的 Email 地址可以输入多个，其中一个设为默认（字体为黑体显示），发邮件时选择这个联系人，邮件将发到默认的 Email 地址。如果还需要填写联系人更详细的信息，可以继续在其他的选项页中输入相关的信息。

在地址簿中一个一个建立卡片显得有点繁琐，Foxmail 提供了以下的方便途径把收到的邮件的发件人地址快速添加到地址簿中。

● 选择一封邮件，然后单击鼠标右键，选择弹出菜单的"发件人信息"，或者单击"邮件"菜单的"发件人信息"菜单项，将弹出地址簿卡片属性对话框。在对话框中单击"加到地址簿"按钮，在弹出的菜单中选择把该发件人的信息添加到地址簿的某个文件夹中。

● 回复邮件时，在写邮件窗口双击收件人栏内的收件人名称，同样可以打开地址簿卡片属性对话框，把发件人添加到地址簿。

● 选择一个邮件后，点击鼠标右键，选择弹出菜单的"所有人员信息"，将在弹出对话框中显示邮件的收件人、发件人、抄送等所有邮件地址，选择一个或者多个邮件地址后，点击"加到地址簿"按钮，在弹出的菜单中选择把该发件人的信息添加到地址簿的某个文件夹中。

（2）新建组

组是地址簿中具有同一类性质的卡片的集合，通过创建一个组可以将相同性质的联系人归类。例如，可以建立一个名为"好朋友"的组，然后把地址簿中好朋友的卡片添加进去。

打开地址簿窗口以后，直接点击工具栏中的"新建组"按钮，将弹出创建组的对话框。

在"组名"栏中输入要创建组的名字，这个名字应该能够说明组中成员的特征。点击右边的"增加"按钮，弹出"地址选择"对话框，在对话框左边列出了所有卡片，也即用户信息。如果要添加的用户还不在其中，那么可以点击左下的"新建"按钮，以增加新的用户；如果不需要新建的话，就直接在框中选取一个或多个用户，然后用鼠标左键点击"添加"按钮，这样被选卡片就添加到组中了。

为了实际应用的方便，Foxmail 允许用户在不同的组里增加同一个联系人，例如张三既可以属于"同事"这个组，也可以同时属于"好朋友"这个组。

（3）新建文件夹

一个文件夹实际上是一个独立的地址簿，卡片和组都保存在文件夹下。因此除了可以用组将相同性质的地址归类以外，用户还可以用文件夹来管理联系人。

直接点击地址簿工具栏中的"新文件夹"按钮，将弹出创建文件夹对话框。输入文件夹名称，然后确定即可。

（4）利用地址簿发邮件

有了地址簿，用户就可以利用它的卡片和组更为方便地向一个或多个朋友发送邮件了。主要有以下的两种方式：

方法 1，在地址簿中，可以选中一个或多个卡片和组，然后点击工具栏上的"写邮件"按钮，打开邮件编辑器，这时的"收信人"一栏内已经填上了所选的人员的名字，邮件已经包含了对应的 Email 地址，不必再输入收信人的 Email。

方法 2，在写邮件时，单击"收件人"按钮，将会弹出一个"选择地址"对话框。把左边的卡片和组添加到"收件人"、"抄送"、"暗送"框中，点击"确定"，这样 Foxmail 将在发送 Email 时，按所选联系人的 Email 地址发送，即方便也避免出错。

关于 Foxmail 地址簿的更多功能，可参见软件的使用帮助和用户手册。

8. 反垃圾邮件

Foxmail 提供了强大的反垃圾邮件功能，使用多种技术对邮件进行判别，能够准确识别垃圾邮件与非垃圾邮件。垃圾邮件会被自动分拣到垃圾邮件箱中，有效地降低垃圾邮件对用户的干扰，最大限度地减少用户因为处理垃圾邮件而浪费的时间。

在识别垃圾邮件方面，Foxmail 使用了"黑名单"、"白名单"、"规则过滤"、"学习法过滤（贝叶斯过滤）"等技术，综合应用这些技术，Foxmail 就能够准确地识别垃圾邮件。

Foxmail 的反垃圾邮件实现过程如下：

收取邮件时，Foxmail 首先使用"白名单"对邮件进行判断，如果发件人的 Email 地址包含在"白名单"中，则把该邮件判定为非垃圾邮件，否则，继续进行判断。

接着使用"黑名单"对邮件进行判断，如果发件人的 Email 地址或名字包含在黑名单中，则把该邮件判定为垃圾邮件并直接删除，否则，继续进行判断。

接着使用"规则过滤"对邮件进行判断。在 Foxmail 中定义了完善的垃圾邮件规则，每条规则对应一个分数，当邮件符合某一条规则时，就给邮件增加相应的分数，当邮件得到的分数达到一定值时，就把该邮件判定为垃圾邮件，否则，继续进行判断。

接着使用"贝叶斯过滤"对邮件进行判断。贝叶斯过滤强大的反垃圾功能，让系统能够将用户个人的正常邮件和垃圾邮件的特征词语采集出来，为反垃圾判断提供基准。

从 Foxmail 6.0 开始具有自动贝叶斯学习功能，将反垃圾功能的应用和配置复杂度降低到 0。用户不再需要手工配置、学习，就可以准确地判别垃圾邮件。通过自动的智能化学习算法，在用户进行日常邮件操作和管理的同时进行分析判定，使用户在使用 Foxmail 一段时间后（视用户收发邮件的频繁程度，可能需要数周的学习积累时间）就能达到比较理想的反垃圾邮件的效果——并且效果还将越来越好。

通过学习垃圾邮件和非垃圾邮件，Foxmail 收集邮件中的特征词语，生成垃圾词库和非垃圾词库。贝叶斯过滤判别邮件时，使用一定的算法，根据"垃圾词语"和"非垃圾词语"在邮件中出现的频率，判定邮件是否为垃圾邮件。

在默认设置状态下，被判定为垃圾邮件的邮件将被转移到"垃圾邮件箱"中，非垃圾邮件保存在收件箱中（除非符合了用户设置的过滤器的条件）。

Foxmail 的功能非常强大，使用起来也是非常方便的。读者要想充分地使用其强大的功能，除了解上面介绍的简单功能和使用方法外，可以查阅其帮助信息（按 F1 功能键），并在实践中反复使用，进而达到熟练。

2.3 思考与练习

1. 尝试使用 IE 等浏览器，熟练掌握各种使用方法。
2. 电子邮件系统涉及的主要协议有哪些？
3. Email 信箱的格式是怎样的？各部分的含义是什么？
4. 电子邮件有哪些使用方式？各种方式各自的优点和缺点是什么？
5. 有哪些常用的客户端电子邮件软件？
6. 在电子邮件中，抄送与暗送的区别是什么？
7. 试申请一个免费的 Email 信箱，给授课教师发一封信。

第 3 章

搜索引擎

根据中国互联网络信息中心（CNNIC）于 2009 年 1 月发布的《第 23 次中国互联网络发展状况统计报告》，截至 2008 年底，中国上网的人数已经达到 2.98 亿人之多。从报告中可以看出，经过十余年快速的发展，中国的互联网已经形成规模，互联网应用走向多元化。人们在工作、学习和生活中越来越多地使用互联网，整个社会的运行都搭上了互联网的快车，并打上了互联网的烙印，互联网已经从单一的行业互联网发展成为深入我国各行各业的社会大众的互联网。

搜索引擎（Search Engines）是网民在互联网中获取所需信息的重要工具，是互联网中的基础应用。目前搜索引擎的使用率为 68.0％，为全国第四大网络应用。2008 年搜索引擎用户增长了 5 100 万人，年增长率达到 33.6％，搜索引擎用户量持续增长。

搜索引擎已经成为互联网的最主要应用之一和网民了解新网站的第一途径，我们有必要了解搜索引擎的各种使用方法，以便更好地利用搜索引擎这个工具。

3.1 搜索引擎概述

搜索引擎是一个对信息资源进行搜集整理，然后供用户查询的系统，它包括信息采集、信息整理和用户查询三个组成部分。传统搜索引擎是针对互联网上的信息资源的，但近年来迅猛发展的桌面搜索、邮件搜索、地图搜索等极大地扩展了搜索引擎的应用领域。

早期的搜索引擎其实只是一个简单的分类列表，即把互联网中信息资源的网址收集起来，按照其类型分成不同的分类目录，再逐层进行细化分类。在查找信息时，人们从分类列表中寻找适当的列表，进入后再在下层列表中选择更精确的分类，这样一层一层地进入，最终找到自己想要的信息。由于在采集信息时需要人工的介入，这种方式只适用于在信息量不大的时候使用。

随着互联网的迅猛发展，网上的信息也呈现爆炸式增长，搜索引擎亦随之快速发展。随着雅虎、Google、百度等现代搜索引擎的出现，搜索引擎的发展进入了黄金时代。搜索引擎家族不断发展壮大，逐渐遍布信息世界的各个角落，它们的种类、搜索技术也在不断地发生变化。

现代搜索引擎技术用到了信息检索、数据库、数据挖掘、系统技术、多媒体、人工智能、计算机网络、分布式处理、数字图书馆、自然语言处理、地理信息系统等许多领域的理论和技术，这些技术的综合运用使得网络搜索引擎技术有了很大的发展。新的标准、新的技术也必将促进未来的搜索引擎向着更高、更快、更强的方向发展。

3.2 搜索引擎的分类

如前所述，搜索引擎包括信息采集、信息整理和用户查询三个组成部分。因此，我们可以从信息采集方式、用户查询方法、查询结果类型几个角度对搜索引擎进行分类。

按搜索引擎对信息的采集方法来分类，可以分为人工分类采集方式、程序采集方式，以及不采集数据只传递查询的元搜索引擎。

从用户使用搜索引擎的方法来看，可以分为分类目录式和关键词搜索两大类使用方法。

从搜索引擎的搜索结果来分类，可以分为综合型（门户型）搜索引擎和专业型（垂直型）搜索引擎。

一般情况下，搜索的结果都是网页形式的，但也有其他类型的信息资源，例如音乐、视频、地图等，我们把这些称为特殊文档类型的搜索引擎。

下面对上述各种搜索引擎类型分别加以简单说明。

1. 信息采集方式：分类采集

分类目录既是一种搜索引擎的信息采集方式，也是一种搜索引擎的搜索方法。

把信息资源按照一定的主题分门别类，建立多级目录结构。大目录下面包含子目录，子目录下面又包含子子目录……依此原则建立多层具有包含关系的分类目录，在采集信息时分类存放。

在这种分类采集方式中，需要以人工方式或半自动方式采集信息，由编辑人员查看信息之后，人工形成信息摘要，并将信息置于事先确定的分类结构中。

由于加入了人工干预的因素，所以分类目录搜索引擎的信息比较准确、导航质量较高，但由于人工维护的工作量较大，因此信息量相对较少，信息更新也不够及时，站点本身的动态变化不会主动反映到搜索结果中来，这也是分类采集方式与程序采集方式的主要区别之一。

2. 信息采集方式：程序采集型

程序采集型搜索引擎是针对信息采集方式而言的。

一般是通过设计一个程序来自动访问网站，提取网页上的信息，进行切词分析，自动分类并收录到数据库中。然后再看看这个网页上有没有到其他网页的链接，如果有的话，再按此过程访问并收录这些网页。由于这样的程序行为很像蜘蛛在网上爬，因此，一般也把这样的程序称为蜘蛛程序或者爬虫程序。

　　使用这种信息采集方式的搜索引擎，由于收录的信息量庞大，因此，一般提供了关键词方式的搜索方法。用户在输入搜索关键词后，搜索引擎会在数据库中方便地检索出相关的内容，和网页框架组合成页面后返回给用户。

　　这一类搜索引擎的优点是信息量大、更新及时、不需要人工干预。但如果用户在使用时方法不恰当，有可能会得到过多的返回信息（例如，上万个返回信息），使得用户无法进行选择和处理。

3. 信息采集方式：元搜索引擎

　　元搜索引擎是针对信息采集方式而言的。

　　元搜索引擎本身并没有存放网页信息的数据库，当用户查询一个关键词时，它把用户的查询请求转换成其他搜索引擎能够接受的命令格式，并访问数个搜索引擎来查询这个关键词，把这些搜索引擎返回的结果经过处理后再返回给用户。

　　对于返回的结果，元搜索引擎一般会进行重复排除、重新排序等处理工作，然后将处理后的结果信息返回给用户。

　　这类搜索引擎的优点是返回结果的信息量更大、更全，可能的缺点同样是如果用户不能够恰当地使用，可能会在海量的返回信息面前束手无策。

4. 使用方式：分类目录

　　"分类"既是一种信息的采集方式，也是一种使用搜索引擎的方式。用户查找信息时，采取逐层浏览打开目录，逐步细化，就可以查到所需信息。

　　例如，某搜索引擎的分类如图 3—1 所示。

娱乐休闲	求职与招聘	艺术
电影、电视、明星、名车、音乐 游戏、笑话、动漫、星座、聊天 休闲、玩具、宠物、收藏、韩剧	招聘网、兼职、外企、各省招聘 招聘会、猎头、简历、专业人才 面试指导、论坛、中介、劳动法	人体艺术、摄影、书法、绘画 舞蹈、戏剧、工艺美术、雕塑 美术设计、画廊、艺术家
生活服务	文学	计算机与互联网
服装、地图、旅游景点、时尚 美容、旅游、模特、网上购物 手机指南、婚介交友、天气预报	小说、作家、散文、网上书库 诗歌、武侠小说、名著、科幻 纪实/传记、网络文学、言情小说	免费资源、软件、硬件、互联网 编程、IT认证、手机铃声、数码 壁纸、通讯、教程、网络安全
教育就业	体育健身	医疗健康
学校、论文、考试招生、大学 考研、留学、高考、成人高考 自考、题库、大学排行、英语	奥运会、足球、围棋、乒乓球 性感体坛、网球、健身、篮球 棋牌、武术、赛车、赛事、NBA	紧急救助、瘦身、性保健/知识 心理健康、医院、癌症、医学 营养品、养生保健、女性健康
社会文化	科学技术	社会科学
交友、婚姻情感、风俗习惯 爱情、恋爱技巧、人物、女性 人际关系、同学录、演讲与口才	生命科学、环境、生态学、谜 中科院、博物馆、天文、科普 航天工程、土木建筑、技术交易	心理测试、哲学、历史、经济学 管理学、会计学、心理学、周易 马克思主义、三个代表
政法军事	新闻媒体	参考资料
政府机构、军事、外交、法律 战争、武器、国ерб防、律师 大使馆、情报间谍、法规检索	电视、期刊杂志、通讯社、广播 主持人、播音员、日报、出版 晨报/早报、综合新闻、晚报	图书馆、档案馆、统计、辞典 百科全书、电话号码、邮编 日历、交通时刻表、地图
个人主页	商业经济	少儿搜索
娱乐、音乐、随笔、摄影 游戏、学生生活、设计、黑客 明星、游戏、音乐、电脑网络	公司、电子商务、贸易、股票 供求信息、房地产、交通、广告 金融投资、信息产业、会议商展	卡通漫画、童话、儿童节、美术 体育、智力游戏、玩具、医院 育儿、少年报、科学普及

图 3—1　搜索引擎分类目录

如果要在其中查找关于著名作家金庸的网页信息，可以逐步搜索"文学＞小说＞武侠小说＞金庸"，即可实现目的，如图 3—2 所示。

搜索分类 ＞ 文学 ＞ 小说 ＞ 武侠小说 ＞ 金庸

- 非武侠作品 (13)　　· 评论和论坛 (22)
- 飞狐外传 (14)　　· 雪山飞狐 (12)　　· 连城诀 (12)
- 天龙八部 (13)　　· 射雕英雄传 (13)　　· 白马啸西风 (11)
- 鹿鼎记 (14)　　· 笑傲江湖 (12)　　· 书剑恩仇录 (11)
- 神雕侠侣 (12)　　· 侠客行 (12)　　· 倚天屠龙记 (12)
- 碧血剑 (14)　　· 鸳鸯刀 (12)　　· 越女剑 (6)

此目录下有网站25条，本页显示：第1至20条

- 金庸的江湖 完全解读金庸，亿万金迷共有的乐园。
- 明河社 金庸小传、金庸小说、漫画，电脑游戏等。
- 金庸传 这是第一部以平视的眼光写下的《金庸传》，作者：傅国涌。
- 金庸茶馆 含金庸文章、评论、相关下载等。
- 金庸作品-新世纪家园 金庸武侠在线与下载。
- 金庸作品集-爱书网 金庸的武侠小说和其他杂文。
- 金庸（查良镛） 金庸及其作品介绍。
- 金庸作品集 提供金庸作品，武侠类和非武侠类。
- 金庸茶馆 含藏经阁、经典欣赏、人在江湖、华山论剑、论坛、故事新编等内容。
- 只醉金迷-到金庸武侠小说中的地方去玩 提供金庸武侠小说。
- 大洋书城金庸作品集 金庸先生简介及其作品介绍。

图 3—2　从分类目录中查找信息

5．使用方式：关键词搜索

关键词搜索引擎是针对用户搜索信息的方式而言的。它通过用户输入关键词来查找所需的信息资源，这种方式方便、直接，而且可以使用逻辑关系组合关键词，可以限制查找对象的地区、网络范围、数据类型、时间等，可对满足选定条件的资源准确定位。如图 3—3 是百度网站的搜索入口。图 3—4 则是搜索关键词"金庸"所得的结果网页。

图 3—3　在百度搜索引擎的搜索框中，键入要搜索的关键词

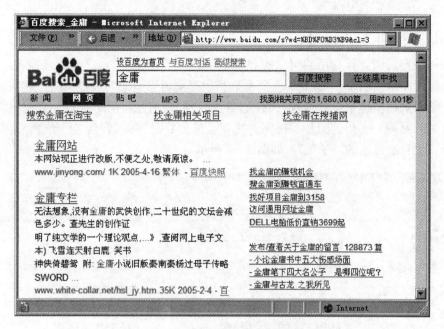

图 3—4 关键词型搜索引擎的搜索结果

很多综合型网站提供的搜索引擎兼有分类目录和关键词两种搜索使用方式。既可直接输入关键词查找特定信息，又可浏览分类目录了解某领域范围的资源。而一些专业的搜索引擎门户，如 Google、百度等，虽然也有分类目录，但主要是以关键词搜索方式来为网民服务的。

图 3—5 为某综合型网站的混合搜索引擎，其上部是关键词搜索方式，下部是分类目录。

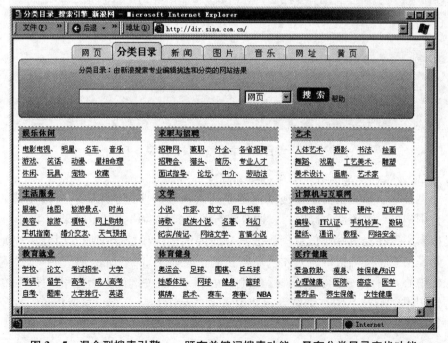

图 3—5 混合型搜索引擎——既有关键词搜索功能，又有分类目录查找功能

6. 搜索结果：综合型搜索引擎（搜索门户）

对于搜索结果信息的类型而言，综合型搜索引擎对搜集的信息资源不限制主题范围和数据类型，因此，利用它可以查找到几乎任何类型的信息。例如，Google、百度等都是综合型搜索引擎。如图 3—6 所示是利用搜狗搜索引擎对关键词"金庸"的搜索结果，结果页面上包括与金庸有关的网页链接和词条信息，同时顶栏还有到达与"金庸"有关的新闻、音乐、图片、视频、博客、分类目录等的链接，还有对金庸有兴趣的网民发表自己言论的"说吧"，如图 3—7 所示。

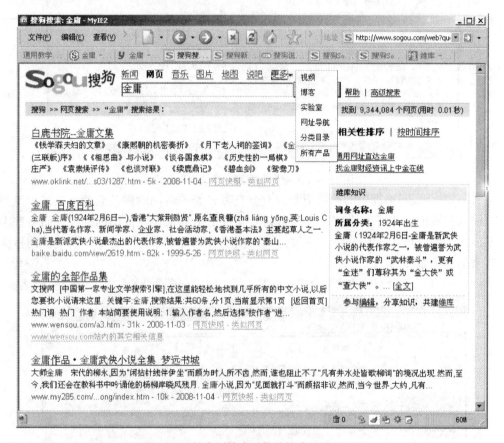

图 3—6   综合型搜索引擎的搜索结果（Ⅰ）

7. 搜索结果：专业型搜索引擎（垂直搜索）

专业型搜索引擎是指限定了搜索范围或搜索领域的搜索引擎，它只搜集某一行业或专业范围内的信息资源，同时，以适合该行业或领域的格式显示结果，供网民参考。专业型搜索引擎在提供专业信息资源搜索方面要远远优于综合型搜索引擎。例如，IT信息、财经信息、硬件报价、人才求职与招聘信息。图 3—8 所示是某 IT 门户网站的产品报价中心，可以按分类目录进行查询，也可以输入关键词直接搜索。图 3—9 是对某品牌笔记本电脑产品的查询结果，其中包括产品图片、简介、参考报价、评论、使用手册等，对用户购买笔记本电脑具有非常大的参考价值。

图 3—7　综合型搜索引擎的搜索结果（Ⅱ）

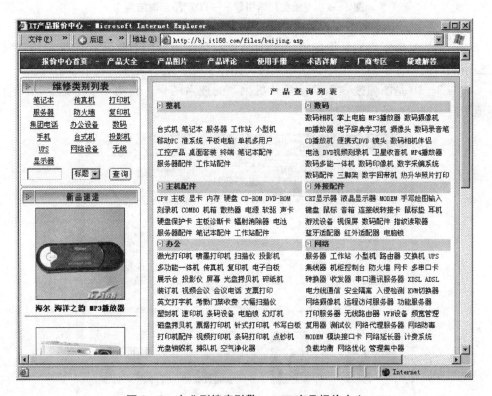

图 3—8　专业型搜索引擎——IT 产品报价中心

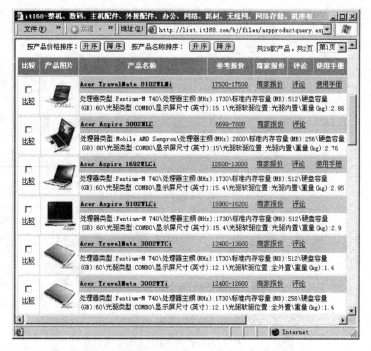

图 3—9　专业型搜索引擎——IT 产品查询结果

8. 搜索结果：特殊格式的搜索结果

特殊格式的搜索引擎是指搜索出来的结果不是普通的网页格式，而是一些特殊的文档格式，例如音乐格式文件、视频文件、图像文件、地图文件、股市行情等。

如图 3—10 是图像搜索引擎搜索"巩俐"的搜索结果，而图 3—11 则是从网上数字地图搜索到的一条自驾路线。

图 3—10　特殊格式的搜索引擎：图像搜索

图 3—11 特殊格式的搜索引擎：地图搜索

3.3 搜索引擎的使用

每种搜索引擎都有不同的特点，只有选择合适的搜索工具才能得到最佳的结果。

3.3.1 选择合适的搜索引擎

一般来说，如果需要查找非常具体或者特殊的问题，用关键词搜索方式比较合适；如果希望浏览某方面的信息、专题或者查找某个具体的网站，使用分类目录搜索的方式更好。

通过 3.2 节的介绍我们知道，有各种类型的搜索引擎，而不同的搜索引擎有不同的特点，只有对症下药，才能最好、最快地解决问题。因此，要想用好搜索引擎，首要之务是选对搜索引擎。如果选错了搜索引擎，即使那个搜索引擎再强大，也很难甚至无法解决问题。例如，用通用的综合搜索引擎来进行网络购物是比较困难的，而用音乐搜索引擎来搜索图像结果则是不可能的。如果是需要查找某些特定领域/行业/范围内的信息，一般使用垂直搜索引擎是正确的选择；而如果想查找特定格式的信息，如音乐、视频、图片、地图等，则应选择特定结果类型的搜索引擎，而不要使用综合型的搜索引擎。

3.3.2 搜索引擎的使用方法

在确定了使用的搜索引擎后，我们再来根据不同的搜索方式确定具体的搜索方法。

1. 分类目录的使用

分类目录型搜索引擎的搜索方法要注意的就是掌握它的分类原则，确定要查找的内容或网站应该在哪个门类，然后逐级寻找。这种方法在需要寻找某一类内容或网站时效果较好。各搜索引擎的目录分类原则不尽相同，有些可能还会经常变化，这些都是需要注意的。

2. 关键词搜索的要点

对于拥有海量数据的搜索引擎来说，一般都会提供关键词型的搜索方法。在使用关键词搜索方式时，只要掌握以下基本搜索规则，就可以使搜索更迅速，结果更准确。

（1）查询条件具体化

查询条件越具体，就越容易找到所需要的资料。例如，要想查询 Excel 函数的使用方法，查询条件"Excel 函数"显然比"函数"更具体、更合理。

（2）使用多条件搜索（可以用加号或空格来连接多个条件）

如果需要搜索结果中包含有查询的两个或是两个以上的内容，这时一般要把几个条件之间用"＋"相连。对于大多数搜索引擎而言，可以用空格代替加号来连接各个搜索条件。例如，如果要找一些有关"Excel 的数学函数的使用方法"的资料，可输入搜索条件"Excel 数学函数"（Excel 和数学函数之间用空格隔开），而不是仅输入"Excel"一个关键词。

（3）排除不相关的关键词

例如，想搜索金庸的武侠小说"笑傲江湖"，在输入搜索条件"金庸 笑傲江湖"后，发现出来大量的电视剧内容页面，这时可以用搜索条件"金庸 笑傲江湖 －电视剧"来进一步细化，将大量的电视剧页面排除在搜索结果之外。

（4）限定关键词的精确组合

现在的搜索引擎一般都具有自动分词功能，如果在搜索关键词输入框中输入一个由多个词构成的长词或句子，搜索引擎将会自动将其切分为多个关键词，并搜索在页面中同时出现这几个关键词的结果页。而有时我们是需要这几个关键词严格按我们输入的顺序排列的，而并不希望将其拆散后搜索，这时，可以用半角引号将这些关键词括起来，搜索引擎将不再对其进行分词操作，而是直接将其作为一个整体进行搜索。例如，有些搜索引擎会将"中国人民大学"这个搜索关键词自动拆分为"中国＋人民＋大学"，即只要在页面中同时出现了"中国"、"人民"、"大学"这三个词，就会列出符合搜索条件的对象，而实际上我们需要了解的是"中国人民大学"这一所特定的大学的情况，因此，在这些搜索引擎中输入搜索关键词时，可能需要对其进行限制，例如加上引号（一般是半角的西文双引号），如下所示：

〝中国人民大学〞

3.3.3　搜索引擎应用案例一

2007 年 5 月，北京市高校计算机基础教育研究会年会在北京联合大学举行，某教师收到的会议通知上列举了到达会场的多条公交线路，但很可惜的是，并没有列出从他的住处——北京世纪城小区——到达会场的公交线路。为了尽快到达会场，他计划使用搜索引擎找出合适的路线。

如果使用综合型的搜索引擎，输入关键词组合"世纪城 公交 北京联合大学"，得到如图 3—12 所示的结果：

图 3—12　综合型搜索引擎的搜索结果

虽然就这个关键词组合搜出了不少的结果，但没有一条能够给他以具体的帮助。

但是，如果换用一款专业的地图搜索——搜狗地图（http://map.sogou.com），默认城市为"北京"，在"公交"搜索页上设定起点为"世纪城"，终点为"北京联合大学"后，可以搜索出 10 个公交乘车方案（如图 3—13 所示）。其中第一个方案为最快捷的直达方案，其他九个为需要换乘一次的方案。各线路的上车点、换乘点、下车点、经过站、公里数都一目了然。具体结果如下：

方案 1：14.9 公里，运通 101 路

步行：至远大路，约 150 米

乘：运通 101（蓝龙家园—广顺南大街北口）

上：远大路（经过 21 站）

经过站点：远大路东口，长春桥东，长春桥路，三义庙，四通桥东，红民村，大钟寺，城铁大钟寺站，蓟门桥西，蓟门桥东，北太平桥西，马甸桥西，马甸桥东，中国科技馆，安贞桥西，和平西桥北，樱花园西街，惠新苑，惠新里，对外经贸大学

下：惠新东桥东

步行：至北京联合大学，约 200 米

方案 2：15.1 公里，355—运通 201

步行：至远大路西口，约 150 米

乘：355（廖公庄—育新小区）

上：远大路西口（经过 4 站）

下：三义庙

换：运通 201（六里桥长途站—来广营北）

上：三义庙（经过 14 站）

下：惠新东桥东

步行：至北京联合大学，约 200 米

方案 3：15.1 公里，619—运通 201

步行：至远大路西口，约 200 米

乘：619（玉泉路口南—保福寺桥西）

上：远大路西口（经过 5 站）

下：四通桥东

换：运通 201（六里桥长途站—来广营北）

上：四通桥东（经过 13 站）

下：惠新东桥东

步行：至北京联合大学，约 200 米

方案 4：15.5 公里，619—740 内

步行：至远大路西口，约 150 米

乘：619（保福寺桥西—玉泉路口南）

上：远大路西口（经过 1 站）

下：南坞

换：740 内（十八里店村—十八里店村）

上：南坞（经过 17 站）

下：惠新东桥东

步行：至北京联合大学，约 200 米

方案 5：15.9 公里，运通 101—特 9 内

步行：至远大路，约 150 米

乘：运通 101（广顺南大街北口—蓝龙家园）

上：远大路（经过 1 站）

下：东冉村（北行）（步行约 200 米）

换：特 9 内（黄土岗村—黄土岗村）

上：东冉村（经过 7 站）

下：惠新东桥东

步行：至北京联合大学，约 200 米

方案 6：15.6 公里，851—740 内

步行：至远大路西口，约 150 米

乘：851（张仪村南站—南七家）

上：远大路西口（经过 16 站）

下：健翔桥西

换：740 内（十八里店村—十八里店村）

上：健翔桥西（经过 5 站）

下：惠新东桥东

步行：至北京联合大学，约 200 米

方案 7：15.9 公里，运通 114—386

步行：至远大路，约 200 米

乘：运通 114（吴庄—史各庄）

上：远大路（经过 5 站）

下：海淀南路西口

换：386（巴沟村—姜庄湖）

上：海淀南路西口（经过 14 站）

下：惠新东桥北

步行：至北京联合大学，约 200 米

方案 8：15.9 公里，996—386

步行：至远大路西口，约 150 米

乘：996（肖村桥西—平西王府）

上：远大路西口（经过 5 站）

下：巴沟村

换：386（巴沟村—姜庄湖）

上：巴沟村（经过 15 站）

下：惠新东桥北

步行：至北京联合大学，约 200 米

方案 9：16.5 公里，运通 109—特 9 内

步行：至远大路，约 250 米

乘：运通 109（霍营—锦绣大地市场）

上：远大路（经过 2 站）

下：东冉村

换：特 9 内（黄土岗村—黄土岗村）

上：东冉村（经过 7 站）

下：惠新东桥东

步行：至北京联合大学，约 200 米

方案 10：15.9 公里，运通 114—特 9 内

步行：至远大路，约 200 米

乘：运通 114（史各庄—吴庄）

上：远大路（经过 1 站）

下：东冉村（北行）（步行约 150 米）

换：特 9 内（黄土岗村—黄土岗村）

上：东冉村（经过 7 站）

下：惠新东桥东

步行：至北京联合大学，约 200 米

图 3—13 公交搜索

这是默认的"较快捷"方式下的搜索结果，我们还可以根据需要选择"较经济"、"少换乘"、"少步行"等方式。同时，对于各起点站的位置，我们可以放大地图，甚至使用其"卫星"模块看真实的照片，以更快捷地找到相应的地理位置，如图 3—14 和图 3—15 所示。

图 3—14　公交起点站附近卫星照片

图 3—15　公交终点站附近卫星照片

3.3.4　搜索引擎应用案例二

某人最近打算购置一台数码相机，并希望相机具有较广的适应范围和较高的性能，价格适中，方便购买。如果通过综合搜索引擎来查找，就很难设定关键词，且搜索出来的结果有上万个页面，根本无从选择。如果选择专业的数码资讯网站（本例以 ht-tp://www.it168.com 为例进行介绍），则可以在其上的分类列表中方便地找到"数码相机"这个类别。如图 3—16 所示。

图 3—16　专业搜索网站的分类目录

这个网站的分类目录是折叠式的，即只有在鼠标移到某大类上时，其下的小类才会展现出来。为了找到最合适的相机，我们点击"数码相机"分类下的"更多"，出现如图 3—17 所示的进一步选择页面，初始的相机总数有 262 款。

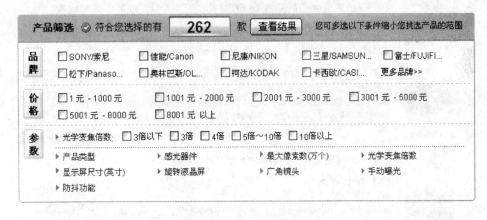

图 3—17　数码相机搜索页面

我们逐项设置以下条件：

➢ 最大像素数：1 000 万以上

➢ 光学变焦倍数：10 倍以上

➢ 广角镜头：支持

➢ 手动曝光：支持

这时即可发现符合条件的相机数减少为 8 款，点击"查看结果"，就可以列出这 8

款相机，窗口节略图如图 3—18 所示。

将商品前面的选项框勾上，再按"对比选中的产品"按钮，即可将 8 款商品的各项性能进行详细的比较，如图 3—19 所示。

在图 3—18 和图 3—19 中，可以点击相应的链接了解商品综合情况、商品图片、用户评论、获奖情况、商家报价及联系方式等，如图 3—20～图 3—24 所示。

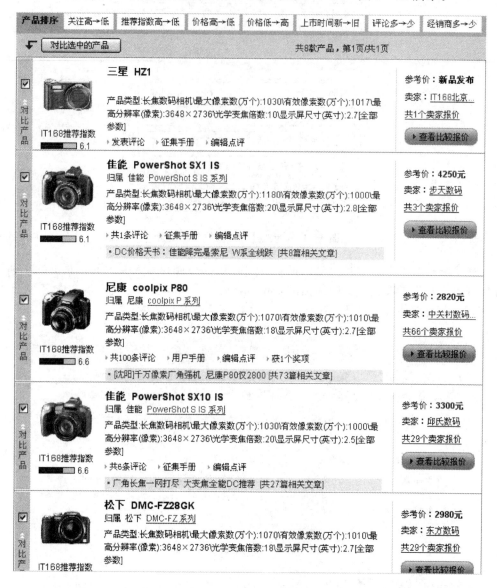

图 3—18　设置各项选择条件后，将可选商品数目减少为 8 款（窗口节略图）

从这个例子中我们可以看到，选用合适的搜索引擎，对我们的生活、学习、工作、娱乐都会有很大的帮助，这也使得搜索引擎成为一种功能强大的工具和真正的助手。

产品名称与图片							
品牌	奥林巴斯	尼康	松下	奥林巴斯	佳能	佳能	卡西欧	三星
产品名称	SP-570 UltraZoom	coolpix P80	DMC-FZ28GK	SP-565 UltraZoom	PowerShot SX10 IS	PowerShot SX1 IS	EX-FH20	HZ1
图片								
产品报价								
报价范围	3250元	2820元	2980元	2650元	3300元	4250元	4999元	新品发布
评论与奖项								
评论	0% 0%	0% 0%	0% 0%	0% 0%	0% 0%	0% 0%	0% 0%	0% 0%
奖项								
一般参数								
产品类型	长焦数码相机	长焦数码相机	长焦数码相机	长焦数码相机	长焦数码相机	长焦数码相机	长焦数码相机	长焦数码相机
感光器件	CCD	CCD	CCD	CCD	CCD	CMOS	CMOS	CCD
感光器件尺寸	1/2.33英寸	1/2.33英寸	1/2.33英寸	1/2.33英寸	1/2.33英寸	1/2.3英寸	1/2.3英寸	1/2.33英寸
最大像素数(万个)	1070	1070	1070	1070	1030	1180	1029	1030
有效像素数(万个)	1000	1010	1010	1000	1000	1000	910	1017
最高分辨率(像素)	3648×2736	3648×2736	3648×2736	3648×2736	3648×2736	3648×2736	3456×2592	3648×2736
图像分辨率(像素)	3648×2736、2560×1920、2048×1536、1920×1080(16:9)、1600×1200、1280×960、640×480	3648×2736(10M)、3264×2448(8M)、2592×1944(5M)、2048×1536(3M)、1600×1200(2M)、1280×960(1M)、1024×768(PC)、640×480(TV)、3648×2432(3:2)、3584×2016(16:9)、1920…	4:3模式：3648×2736、3072×2304、2560×1920、2048×1536、1600×1200、640×480；3:2模式：3648×2432、3072×2048、2560×1712、2048×1368；16:9模式：3648×2056、3072×1728、2560×144C、1920	3648×2736、2560×1920、2048×1536、1920×1080、1600×1200、1280×960、640×480	3648×2736、3648×2048、2816×2112、2272×1704、1600×1200、840×480	3648×2736、3840×2160、2816×2112、2272×1704、1600×1200、640×480	RAW 3456×2592、3456×2304(3:2)、3456×1944(16:9)、3264×2448、3072×2304、2560×1920、1600×1200、640×480	3648×2736、3648×2432、3648×2056、3072×2304、2592×1944、1920×1080、1024×768

图 3—19　商品性能参数比较

图 3—20　商品综合情况

图 3—21　商品图片

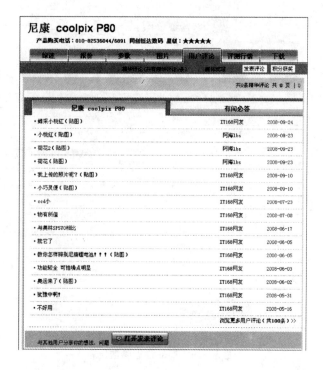

图 3—22　用户评论

图 3—23　获奖情况

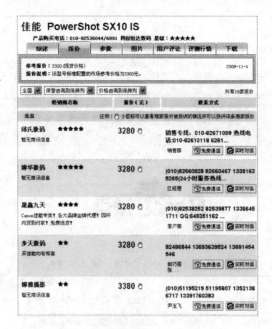

图 3—24 商家报价及联系方式

3.4 搜索引擎新应用

搜索引擎除了在搜索网络信息资源方面的突出表现之外，近年来还在多方面得到越来越广泛的应用。

3.4.1 硬盘搜索

随着计算机硬件技术的发展，目前计算机配备的存储设备已经可以以"海量"来进行描述。与十多年前的几十兆、几百兆的硬盘容量相比，目前计算机的常规配置硬盘容量已经达到几百吉甚至上千吉的空间，硬盘中可以保存的数据量同样是一个"海量"的概念。要对硬盘上的这些海量数据进行有效的管理，硬盘搜索软件就是一个非常称职的工具。

硬盘搜索（引擎）也称为本地搜索（引擎）或桌面搜索（引擎），是相对于面向网络信息的网络搜索引擎而言的。

一般来说，要应用硬盘搜索需先安装相应的软件。安装完成后，硬盘搜索会先对硬盘中保存的信息（文档文件、电子邮件、网页等数据）进行扫描，并建立初始索引数据库。之后对硬盘文件的所有操作（新建、修改、删除等），都会被常驻在内存中的硬盘搜索软件记录下来并更新索引数据库。

在初始化过程完成后，就可以在浏览器中像使用网络搜索引擎一样来使用硬盘搜索工具，对自己硬盘上保存的各类信息资源进行高速搜索了。一般情况下，硬盘搜索工具可以对硬盘上的多种类型的信息资源进行整理和搜索，如图 3—25 所示。

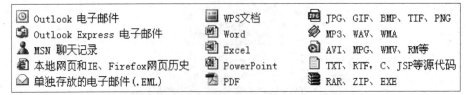

图 3—25　硬盘搜索引擎处理的信息类型

图 3—26 是百度的硬盘搜索界面，图 3—27 是百度硬盘搜索的结果图示。

图 3—26　百度硬盘搜索界面

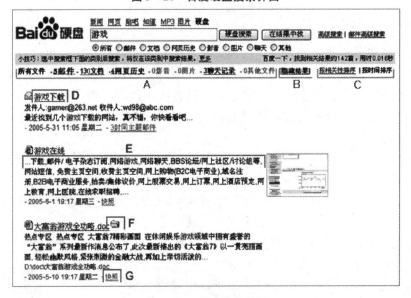

图 3—27　硬盘搜索结果

　　说明：A：搜索结果分类统计；B：隐藏结果；C：排序方式选择；D：搜索结果标题；E：搜索结果摘要；F：打开文件夹；G：快照。

　　有些搜索引擎服务商提供的硬盘搜索软件，还可以对流行的电子邮件客户端中保存的电子邮件进行搜索。

3.4.2　邮件搜索

　　在早期的电子邮件系统中，一般提供的邮箱容量只有几兆至几十兆，能够保存的信件数量有限，对邮件搜索的需求不大。近年来，随着吉级别邮箱的出现和普及，在邮箱中已经能够保存数千甚至数万封信，这一方面满足了很多客户对信件保存的需求，另一方面也加大了客户检索以往信件的工作量。在这种情况下，对邮件搜索功能的需求就变得迫切起来。

　　目前，大部分电子邮件服务提供商都提供了针对邮箱内邮件进行的搜索功能（如图 3—28 所示）。有些服务商的搜索功能还具备将搜索结果按线索进行组织排列的功能，即将相关的往来邮件放在一起，以方便用户了解相关邮件的来龙去脉。

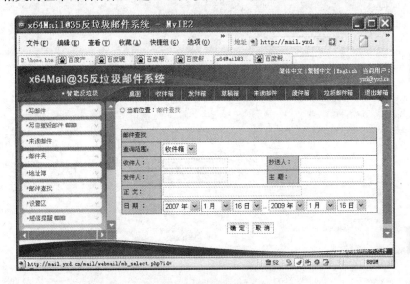

图 3—28　邮件搜索功能

3.4.3　网络地图与 GPS 应用

　　人们生活中的大部分信息都和地理位置有关。地理信息系统（Geographic Information System，GIS）作为获取、处理、管理和分析地理空间数据的重要工具、技术和学科，近年来得到了广泛关注和迅猛发展。GIS 具有空间数据的获取、存储、显示、编辑、处理、分析、输出和应用等功能，GIS 是一个用于管理空间对象的信息系统，以地理空间数据为操作对象是地理信息系统与其他信息系统的根本区别，现阶段的典型应用有两个：一是电子地图与网络地图（3.3.3 小节案例即为地图搜索的一个应用），二是 GPS（Global Positioning System，全球定位系统）。

　　随着地理信息系统与互联网相结合，网络地图得到了越来越广泛的应用。越来越多的生活信息和商务信息可以在网络地图中得到反映。前面的 3.3.3 小节及以下的图 3—29～图 3—35 介绍了地图搜索的一些应用。

图 3—29 自驾路线规划

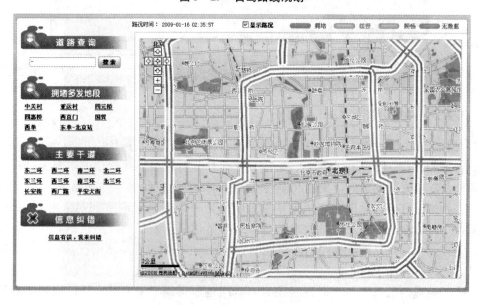

图 3—30 实时路况查询

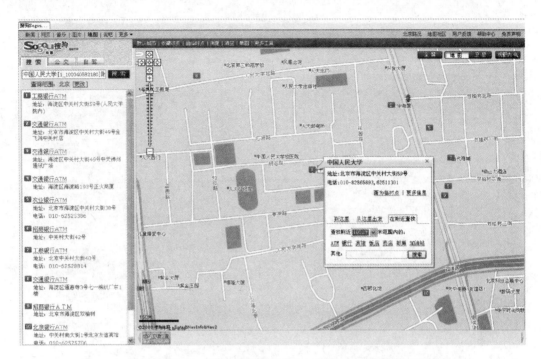

图 3—31　ATM、银行、宾馆、饭店、药店、邮局、加油站等生活设施搜索

图 3—32　更多的生活设施查询

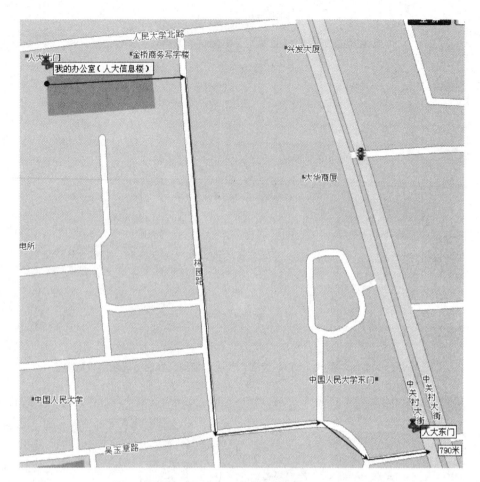

图 3—33 标注和测距

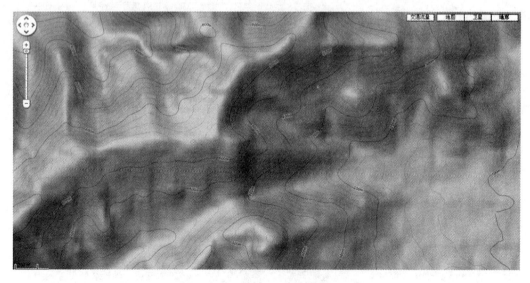

图 3—34 地形图——北京香山公园

图 3—35　卫星拍照图——鸟巢和水立方

　　Google 公司甚至为其地图搜索功能推出了独立的客户端软件——GoogleEarth（谷歌地球），如图 3—36～图 3—40 所示。其强大的地球浏览、搜索、标注功能及多项实用、便利功能，吸引了广大旅游和户外爱好者的关注。大量面向 GoogleEarth 或基于 GoogleEarth 的第三方应用软件被开发出来。

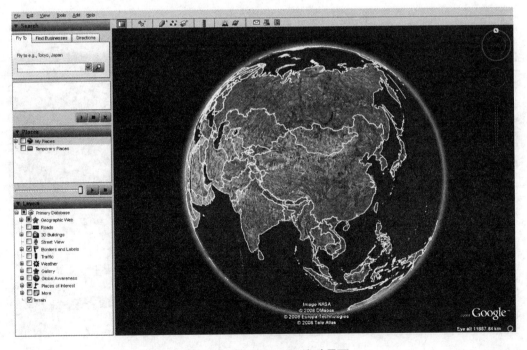

图 3—36　GoogleEarth 启动界面

图 3—37　GoogleEarth 的街景视图让你真正地有了身临其境的感觉

图 3—38　在 GoogleEarth 的 3D 建筑模式下看纽约（1）

图 3—39　在 GoogleEarth 的 3D 建筑模式下看纽约（2）

图 3—40　GoogleEarth 应用——旅行轨迹及照片记录

　　限于篇幅，我们在这里不做更多的展开，有兴趣的读者可以自行查阅相关资料。

3.4.4　手机搜索

　　随着智能手机的普及，能够上网的手机越来越多，越来越多的人利用手机上网。根据中国互联网络信息中心（CNNIC）于 2009 年 1 月发布的《第 23 次中国互联网络发展状况统计报告》，截至 2008 年底，手机上网网民规模达到 11 760 万人，较 2007 年增长了 133%。而通过手机上网对生活资讯进行搜索，则是手机上网的一大应用。特别是结合地图的搜索应用，将会给数字时代的人们带来越来越多的便利。

以图 3—41 为例，介绍了利用手机的地图功能，通过手机基站确定当前位置，并搜索周边加油站的位置。

图 3—41　手机搜索功能的应用

3.5　思考与练习

1. 什么是搜索引擎？如何对搜索引擎分类？各类搜索引擎有哪些特点？如何使用不同类型的搜索引擎？

2. 你知道哪些知名的搜索网站？它们各有什么特点？

3. 如果你是外地学生，查一下从你家到学校的驾车线路；如果你是本地学生，查一下从你家到学校的公交线路。

4. 如果你的手机是智能手机，试着在上面安装手机版网络地图，并且进行以下搜索：

➢ 查询你所在学校的位置

➢ 查询你当前所在位置

➢ 查询从你当前所在位置怎样才能便捷地到达你的学校

5. 尝试安装并使用硬盘搜索。

6. 你用过 GPS 吗？试述车用 GPS 与手持 GPS 的区别以及 GPS 导航的原理和应用。

7. 你发送或接收过 EMS 特快专递吗？发送 EMS 后从网络跟踪邮件的递送情况，如图 3—42 所示。

8. 查询一下一周内的天气预报信息。

9. 查询三天后从北京到上海的航班信息及机票打折信息。

10. 查询从北京到上海的动车组时刻表、里程及票价信息。

邮件跟踪查询
EMS Tracking

EW392605600CN

您的邮件于　2009-01-12 10:20:00（香洲速递）已妥投
投递结果：　张晨旭代收

处 理 时 间	处 理 地 点	邮 件 状 态
2009-01-09　16:38:00	北京市人民大学邮电所	收寄
2009-01-09　17:10:00	北京市人民大学邮电所	离开收寄局
2009-01-09　22:39:00	北京市	到达处理中心,来自北京市人民大学邮电所
2009-01-10　03:20:00	北京市	离开处理中心,发往珠海市
2009-01-11　06:52:21	珠海市	到达处理中心,来自北京市
2009-01-11　07:38:22	珠海市	离开处理中心,发往珠海香洲速递
2009-01-11　08:09:37	珠海香洲速递	到达处理中心,来自珠海市
2009-01-11　09:28:04	珠海香洲速递	安排投递
2009-01-11　16:33:00	香洲速递	未妥投
2009-01-11　17:10:55	珠海香洲速递	到达处理中心,来自退回
2009-01-12　08:31:40	珠海香洲速递	安排投递
2009-01-12　10:20:00	香洲速递	妥投

图 3—42　邮件跟踪查询

第 4 章

文件与下载

针对 Internet 上庞大数量的信息和数据，除了在线查阅外，在很多时候需要我们离线研究和使用它们。因此，我们需要了解相关的文件下载技术（包括离线浏览技术）。在此之前，我们首先需要了解计算机数据压缩的有关基础知识。

4.1 计算机数据压缩

在介绍网络上常用的文件下载与离线浏览技术之前，首先向读者介绍一些有关计算机数据压缩的知识。

4.1.1 有损压缩和无损压缩

计算机的数据压缩，可以分为有损压缩和无损压缩两类。

有损压缩是指在数据压缩的过程中，会将部分次要数据丢弃，将压缩后的数据还原后，即质量略有损失，但仍可基本满足用户的要求。

例如，在目前的微机上图像的颜色数理论上可以达到 16 位（2^{16}，即 65536）种或 24 位（2^{24}，1 600 多万）种甚至更多，但实际上我们的眼睛并不能分辨这么多种颜色。因此，在某些图像格式（特别是网页上的图像格式）中，可以把相近的多种颜色合并为 1 种，这样就可以减少总的颜色数（例如，.GIF 格式最大的颜色数为 256 种，即 2^8 种），进而达到压缩图像文件大小的目的。

无损压缩是指把数据压缩再还原后得到的数据与未压缩前的数据是完全一样的。

仍以图像为例，对于大块颜色相同的区域，不必逐位顺序地进行压缩，而只要用一个公式将该区域（矩形、圆形或其他形状）表示出来，再记录下公式的相关参数和颜色的编号即可。对于颜色差异较多的区域，再按通常的按位顺序压缩即可。

4.1.2 文件的压缩及传输

为了能够快速地传输文件，一般在文件传输前进行压缩，在接收后再解压缩。由于还原的文件必须与源文件完全一样，因此，文件的压缩和传输必须是无损地进行的。

一般来说，可以先对文件压缩，生成目标文件后再进行传输。而且压缩后的文件包易于保存和发布。

目前常见的压缩文件格式有.zip，.rar等。

4.1.3 压缩与解压缩程序

压缩与解压缩程序的目的就是帮助用户将源文件压缩成目标文件，以及把压缩后的文件还原成源文件。

常用的压缩与解压缩程序有很多，例如 WinRar、WinZip 等。

下面以 WinZip 程序为例说明这类软件的使用过程。WinZip 是一个功能强大的压缩与还原软件，在网上可以很容易地找到其免费的试用版本。

要对文件进行压缩，只要在资源管理器中，选中所需要压缩的文件，点击右键，选其中的压缩项"Add to 文件名.zip"即可。应用实例如图 4—1 所示。

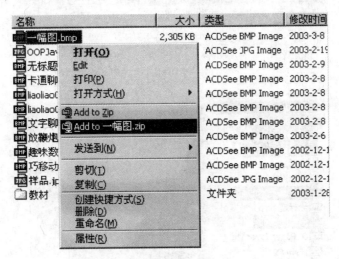

图 4—1 对文件进行压缩

对比压缩前后的文件，可以看出其大小有明显的差异。如图 4—2 所示。

图 4—2 文件压缩前后大小的比较

双击 .zip 文件，即可打开该文件，了解其中共有哪些文件，各文件压缩前后的大小及压缩比率。如图 4—3 所示。

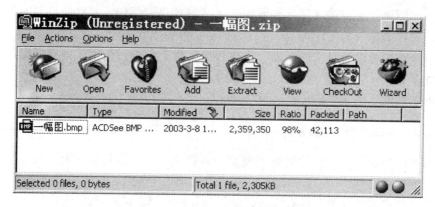

图 4—3 用 WinZip 打开压缩文件

如果要同时压缩多个文件，只要先选定所有的文件，再右击鼠标，从快捷菜单中选择"Add to Zip"，如图 4—4 所示。

**图 4—4 选定多个文件，右击鼠标键准备
压缩到一个文件中**

在随后出现的对话框中，输入压缩后的目标文件名。如图 4—5 所示。

WinZip 将把选中的所有文件压缩到指定的压缩文件中。图 4—6 是生成的压缩文件"一组图 .zip"。

双击"一组图 .zip"即可打开该文件，其中列出了所包含的一系列压缩文件。如图 4—7 所示。

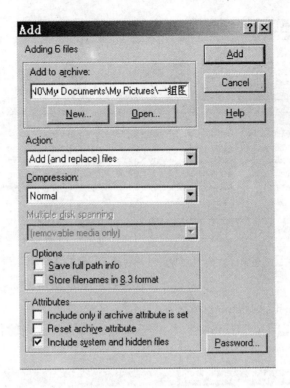

图 4—5 键入压缩后的目标文件名

名称	大小	类型 ▽	修改时间
一组图.zip	201 KB	WinZip File	2003-3-8 18:57
一幅图.zip	42 KB	WinZip File	2003-3-8 18:57
样品.jpg	10 KB	ACDSee JPG Image	2002-12-11 17:48
OOPJavaCover.jpg	12 KB	ACDSee JPG Image	2003-2-19 23:55
一幅图.bmp	2,305 KB	ACDSee BMP Image	2003-3-8 18:32
无标题.bmp	645 KB	ACDSee BMP Image	2003-2-9 0:33
文字聊天室.bmp	538 KB	ACDSee BMP Image	2003-2-8 4:06
趣味数学.bmp	577 KB	ACDSee BMP Image	2002-12-14 9:15
巧移动.bmp	577 KB	ACDSee BMP Image	2002-12-14 8:55
卡通聊天.bmp	597 KB	ACDSee BMP Image	2003-2-8 4:56
放鞭炮.bmp	577 KB	ACDSee BMP Image	2003-2-6 18:31
liaoliaoliaoliao01.bmp	888 KB	ACDSee BMP Image	2003-2-8 4:08
liaoliao02.bmp	679 KB	ACDSee BMP Image	2003-2-8 4:23
教材		文件夹	2003-1-28 11:39

图 4—6 生成的目标文件"一组图.zip"

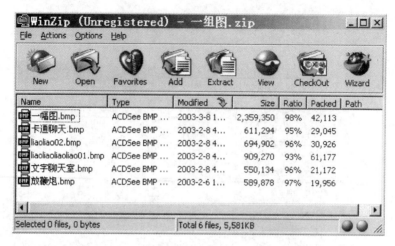

图 4—7 双击"一组图.zip"可看到其中包含的文件及压缩细节

从中可以看出，对于某些类型的文件，其压缩比率是相当大的。

如果想把压缩后的文件还原（或抽取）出来，有多种方法。

首先，可以对压缩文件右击鼠标键，将其直接抽取到指定的目录中。如图 4—8 所示。

图 4—8 两个 Extract to 都可以将压缩文件中的
所有源文件还原

双击压缩文件，或在对该压缩文件点击鼠标右键弹出的快捷菜单中选择 "Open with WinZip"，则可打开压缩文件，选取其中部分或全部需要抽取的文件，选择 WinZip 工具栏中的 "Extract" 命令，可以将指定的文件抽取到指定的目录中。如图 4—9 所示。

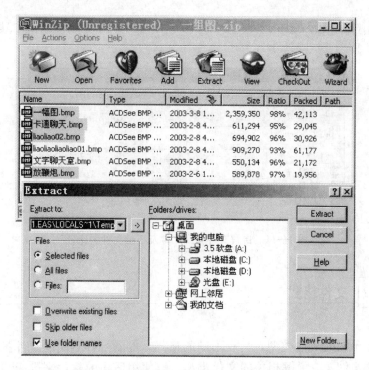

图 4—9　将指定的文件抽取到指定的目录

对压缩文件右击鼠标键，选择其中的"Create Self-Extractor（.EXE）"命令，可以将压缩文件生成能够脱离 WinZip 而自抽取的"自解"文件。如图 4—10 所示。

图 4—10　生成自解压文件

生成的自解文件的大小与压缩文件相比略有增大，但与源文件相比其差异仍然是十分明显的，如图 4—11 所示。

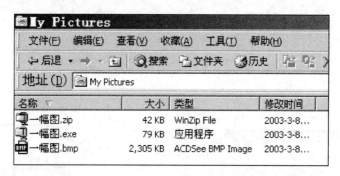

图 4—11　自解文件与源文件及压缩文件的比较

4.2　文件格式

计算机上不同的文件类型，具有不同的格式，也就具有不同的文件扩展名。要从网上下载有关文件，应了解相关的文件类型，以便用适当的软件来进行相关处理。参见表 4—1。

表 4—1　　　　　　　　　　　　　　文件格式与相关处理软件

文件扩展名	文件类型	处理软件
.rar，.zip	压缩文件	WinRar，WinZip 等
.GIF，.JPG，.BMP	图像文件格式	画笔，PhotoShop 等
.COM，.EXE	执行文件	直接执行。不少软件直接以 .EXE 压缩自解安装文件的格式发行
.DOC	Word 文档	Microsoft Word
.XLS	电子表格文档	Microsoft Excel
.PPT	演示文稿	Microsoft PowerPoint
.TXT	文本文件	记事本及几乎所有编辑器
.PDF	Adobe 电子书格式	Adobe Reader

4.3　文件下载

所谓文件下载，从本质上说就是把网络上的文件（包括程序文件和网站页面）保存到本地的磁盘上。广义地讲，包括网页浏览和独立文件下载。狭义地理解，一般特指将独立的文件保存到本地磁盘上，而将网页的下载称为"浏览"（包括"离线浏览"）。

常见的下载方式主要有直接保存和通过客户端软件下载两种方式。

4.3.1　直接保存文件

所谓直接保存方式，是指对要下载的文件链接，点击鼠标右键，在出现的快捷菜单中选择"目标另存为（A）…"命令项，如图 4—12 所示。

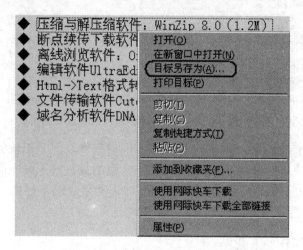

图 4—12　右击鼠标键，保存文件

这时，将会显示一个"文件下载"信息框，搜索相关的文件信息。在随后出现的"另存为"对话框中，指定要将目标文件保存到的目录和文件名，如图 4—13 所示。

图 4—13　指定要下载的文件保存到的目录名和文件名

在下载的过程中，系统将会动态地显示下载信息。如图 4—14 所示。

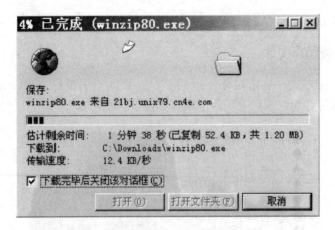

图 4—14 开始下载时的指示信息

虽然直接下载的方式比较方便，不需要专门的软件，但对于较大的文件和网络状态不好的情况，这种办法不太理想。因为对于大型的文件，下载时间可能会很长（比如几个小时），一次下载完可能会有困难；而对于网络状态不好的情况，如果经常断线，则需要重新进行下载，这也会浪费很多时间。

4.3.2 客户端软件下载

为了更好地下载和管理网络文件，人们开发出了专用的客户端下载软件。这类软件通常采用断点续传和多片段下载等技术，来保证安全、高效地执行下载活动。这类软件中，比较著名的有超级旋风、网际快车（FlashGet）、迅雷等。

断点续传是指把一个文件的下载划分为几个下载阶段（可以人为划分，也可能是因网络故障而强制划分），完成一个阶段的下载后软件会做相应的记录，下一次继续下载时会在上一次已经完成处继续进行，而不必重新开始。

多片段下载是指把一个文件分成几个部分（片段），同时下载，全部下载完后再把各个片段拼接成一个完整的文件。

下面我们以网际快车为例介绍这类软件的用法。

首先，我们要先从新浪网或其他软件下载网站用单击鼠标右键并保存的方法来下载网际快车安装文件。其在新浪网下载中心的简介和下载页如图 4—15 所示。

下载完后，点击安装文件进行安装。之后，可以从"开始｜程序"菜单、桌面、IE 工具栏等多处启动网际快车。启动后的工作画面如图 4—16 所示。

如果我们想用网际快车来下载文件，只要对下载链接右击鼠标键，并在快捷菜单中选择"使用网际快车下载"命令项即可。如图 4—17 所示。

之后，将会出现"添加新的下载任务"对话框，其中需要对一些下载参数进行设置。如图 4—18 所示。

设定完成后，即可进入下载阶段。如图 4—19 是一幅文件下载过程中的工作画面。它把将要下载的文件分为若干片段（例如 5 段）同时进行下载，全部下载完成后再把这些文件片段拼合为一个完整的文件。

图 4—15 新浪网的网际快车软件介绍和下载专页

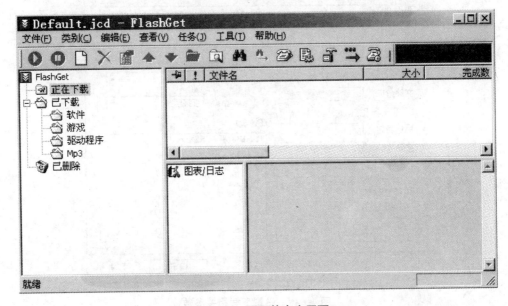

图 4—16 网际快车主画面

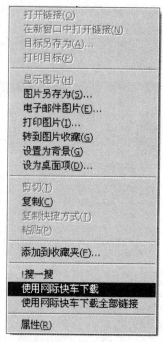

图 4—17　对下载链接右击鼠标键，选其中的
"使用网际快车下载"命令

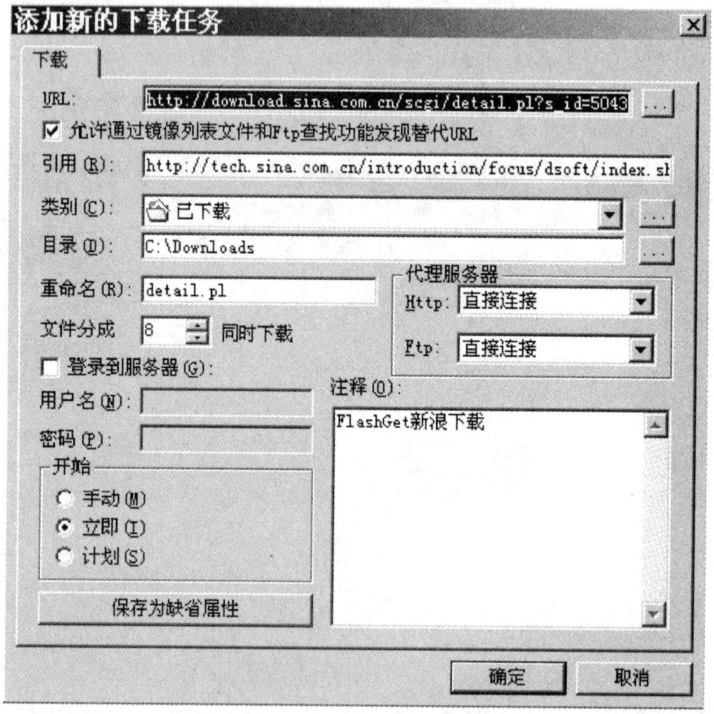

图 4—18　设置下载相关参数

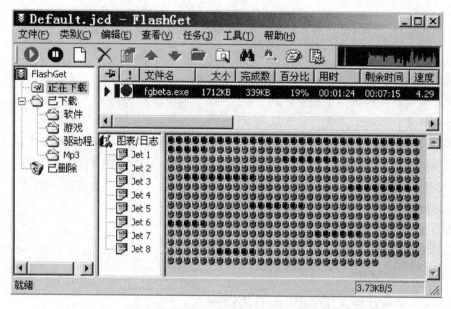

图 4—19 网际快车将要下载的文件分为若干片段进行下载

如图 4—20 是正在下载过程中的网际快车图标和已经下载结束后的图标。

图 4—20 正在下载与下载结束的浮动标识框

下载完成后，可以直接在网际快车中通过树形目录结构文件的存储管理打开文件，亦可直接双击文件来打开它。如图 4—21 所示。

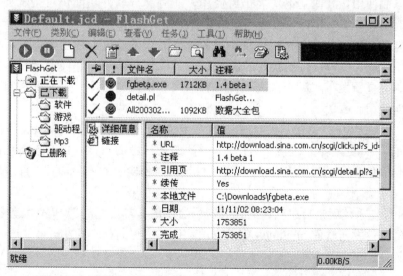

图 4—21 下载完成后文件的相关信息，可以直接进行管理和运行

4.3.3 BT 下载

BitTorrent（简称 BT，俗称 BT 下载、变态下载）是点对点的文件分享的技术。比起其他点对点的技术，它更有多点对多点的特性，这个特点简单地说就是：下载的人越多，速度越快。用户下载完不马上关闭 BT，就可以成为种子（拥有完整的下载文件块者）分流让其他人下载。

BT 会将文件分成多个小块，随着不同的下载点下载各块，该下载点也会将已有的块上载给其他下载点下载。因此，下载的人越多，提供的频宽也越多，种子也会越来越多，下载速度就越快。而一般的下载方式只有一台供下载的服务器，下载的人太多，服务器的频宽就可能会不胜负荷而使下载速度变得很慢。

为了避免有些人下载完成后不想成为种子而马上关掉 BT，有些下载文件发布者会只发布其中部分的文件内容（如 99%），待有足够数量的人的下载接近完成，才发布剩下的小部分，让他们成为正式的种子。

4.3.4 商业软件、共享软件与自由软件

Internet 上的软件有很多种，常见的有商业软件、共享软件和自由软件等。

商业软件（Commercial Software），有版权，必须购买。使用者只能得到可执行的二进制代码，而且不允许拷贝，否则将被视为"盗版"，并被追究法律责任。

共享软件（Shareware）是以"先使用后付费"的方式销售的享有版权的软件。根据共享软件作者的授权，用户可以从各种渠道（包括 Internet 下载）免费得到它的拷贝，也可以自由传播它。共享软件一般都有一个免费试用期，一般为 30～45 天。用户总是可以先使用或试用共享软件，认为满意后再向作者付费。例如，压缩和解压缩软件 WinRar 就属此例。

共享软件的免费试用期结束后，如果仍不付款，软件可能会自动禁用；也可能将部分功能限制使用，其他基本功能仍可使用；还有部分软件功能仍可全部使用，但在每次启动时自动弹出一个窗口提醒用户最好付费支持软件开发者。

自由软件（Free Software）是软件作者放弃版权的软件。使用者不仅可以得到软件的二进制代码，更可以得到软件的源代码。可以免费使用，并任意拷贝。甚至可以修改源代码并重新发布。对于自由软件，有一项严格限制，即绝不允许将自由软件据为己有并向使用者收费。

此外，Free 也有"免费"的含义，虽然绝大部分的自由软件都是免费的，但自由软件里的 Free 更主要的是指"自由"，强调的是自由的精神。也有人将自由软件称为开源软件（Open Source Software），开源指开放源码的含义，但把"自由"的含义淡化了。

Linux 操作系统就是自由软件的代表，目前使用非常广泛的 WWW 服务器 Apache 和最流行的邮件发送软件 Sendmail 都是自由软件，流行的程序开发语言 Perl 和 Python 也是自由软件。

4.3.5 常用软件下载网站

互联网上有很多软件下载网站，其中有专门的软件下载网站（如华军软件园、电脑之家等），也有大型门户网站的下载专栏（如新浪网的下载中心）。在这些网站和专栏，可以找到很多可以合法下载的软件。这些常用的软件下载网站的网址为：

● 电脑之家下载中心：http://download.pchome.net，其下载分类列表如图4—22所示。

● 新浪网下载中心：http://download.sina.com.cn，如图4—23所示。

● 华军软件园：http://www.onlinedown.net，如图4—24所示。

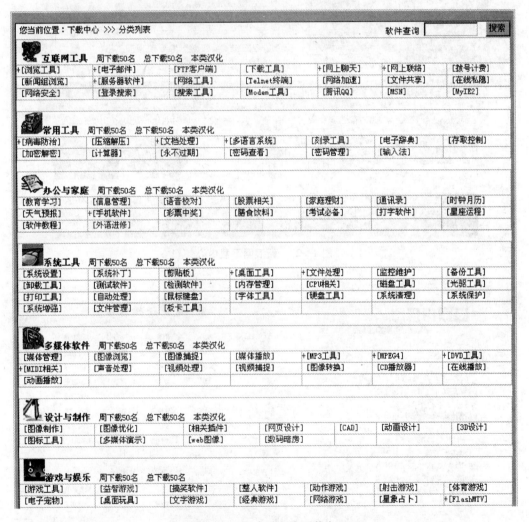

图 4—22　　电脑之家下载中心

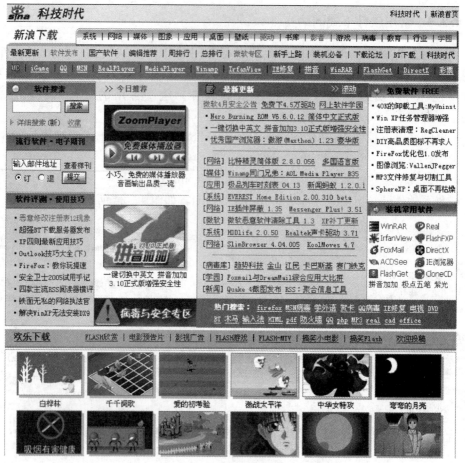

图 4—23　新浪网下载中心

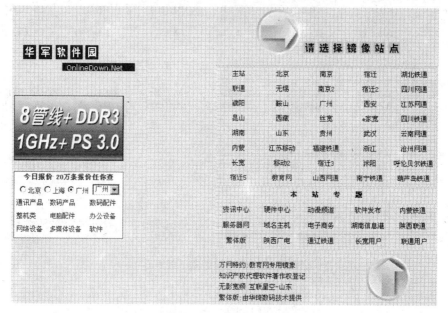

图 4—24　华军软件园

4.4 离线浏览

客户端下载程序比较适合于将独立的单个文件下载。而对于一般的网站，由于其包含多个页面，如果用网际快车之类的软件来下载，不太容易进行组织和管理。这时，我们可以使用离线浏览软件来下载、管理它们，并备今后查阅。

除了微软 IE 浏览器本身带有的离线浏览功能外，也可以选择专业的第三方软件来进行这项工作。其中 MetaProducts 公司推出的 Offline Explorer（简称 OE）是一个不错的选择。这里将以 OE 为例，学习离线浏览软件的使用方法。

从新浪下载中心将 OE 下载并安装之后，就可以从桌面或任务栏的快捷方式启动OE 了，如图 4—25 所示。

图 4—25　OE 启动屏幕

首次启动 OE 时，将自动进入离线浏览项目向导。如图 4—26 所示。

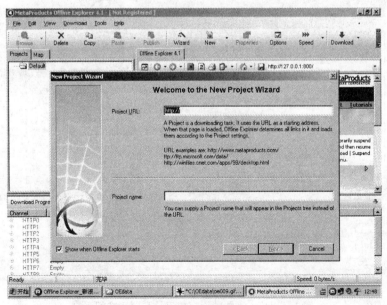

图 4—26　项目向导

在正式进行网页离线下载前，最好先设置相关的一些选项。因此，我们首先取消上述项目向导，其后从顶部工具栏中选择"选项"（Options）项，此时将弹出"选项"（Options）对话框，如图 4—27 所示。

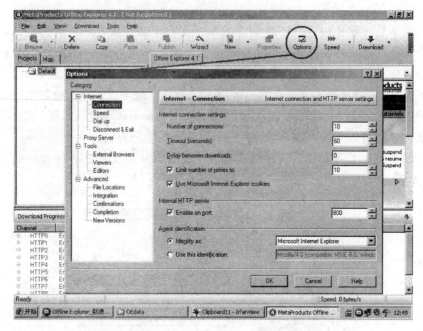

图 4—27　　"选项"（Options）对话框设置

在该对话框中，我们首先要设置下载网页存放的目录，及在硬盘空间还剩余多少时停止下载，如图 4—28 所示。

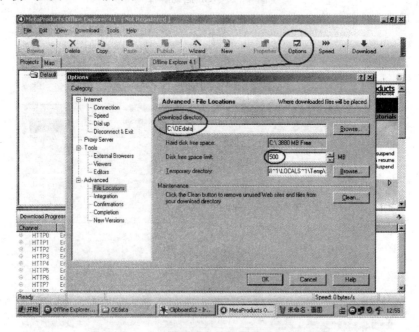

图 4—28　　设置网页存放目录和硬盘空间限制

　　设置好后，我们就可以正式开始进行网页的下载工作了。

　　假设我们要将中国人民大学网站（网址：http://www.ruc.edu.cn，如图 4—29 所示）整站下载，则在 OE 顶部工具栏中选择"向导"（Wizard）项，这时，将重新出现启动时出现的"新项目向导"（New Project Wizard）对话框，如图 4—30 所示。

图 4—29　中国人民大学网站

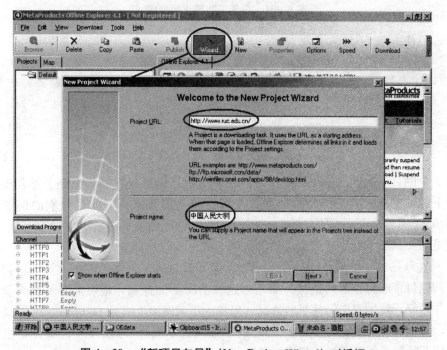

图 4—30　"新项目向导"（New Project Wizard）对话框

在该对话框中，首先我们要设置开始下载的首页地址（http://www.ruc.edu.cn），以及项目名称（这里设定为"中国人民大学"）。

按"下一步"（Next）按钮后，接着将设置要下载的网页层数。在这里，我们需要下载整个网站，为方便计数，设为 99 层。如图 4—31 所示。

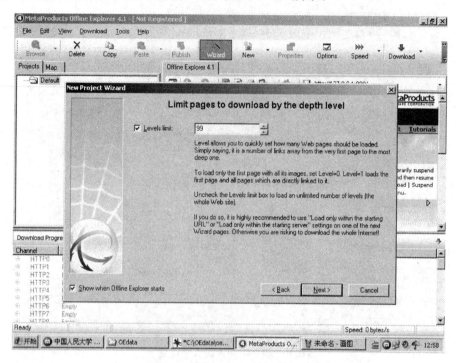

图 4—31　设置下载网页的层数

如何计算网页下载的"层"数

开始下载的网址为第 0 层，其中链接到的网页为第 1 层，第 1 层链接到的网页为第 2 层，第 2 层链接到的网页为第 3 层，依此类推……

如果下级层链回了上级层，OE 等离线浏览软件会自动识别并标记，不会陷入循环下载过程。

在一个网页中，其他有些页面和文件是和上级页面存放在同一个服务器甚至同一个目录下的，也有些文件和页面是存放在其他服务器上（典型的是与别的网站的链接），此时，为了首页页面的美观性，我们应考虑将链到首页的所有文件都下载下来，设置项见图 4—32。

在下载完一个页面转入到下层页面时，有可能会从一个页面带出大量的链接，甚至是到其他目录或服务器的链接。如果对这种情况不加控制，很可能会下载大量无关网页，并最终导致硬盘空间耗尽的情况（想象一下某网页上有到 Google.com 和新浪网的链接，那么你有可能把这两个网站的数十亿网页下载）。可以设置只从开始目录下载、只从开始服务器下载和从任意位置下载，如图 4—33 所示。

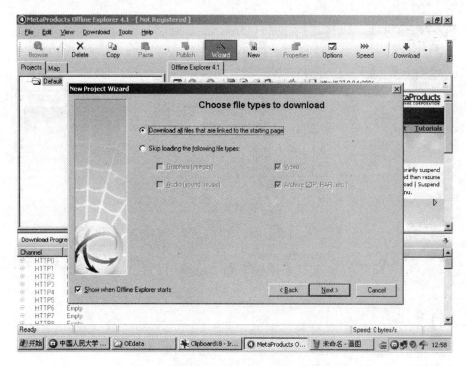

图 4—32 设置是否设置链接到首页的所有文件

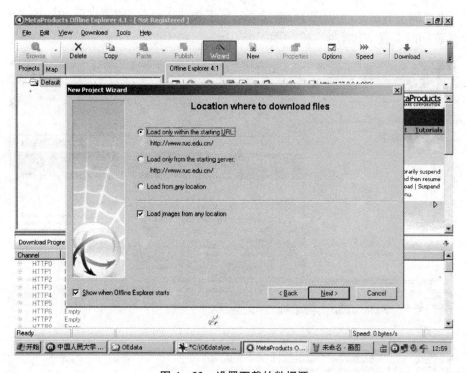

图 4—33 设置下载的数据源

进行上述设置后，就可以选择立即下载或者稍后下载了，如图 4—34 所示。

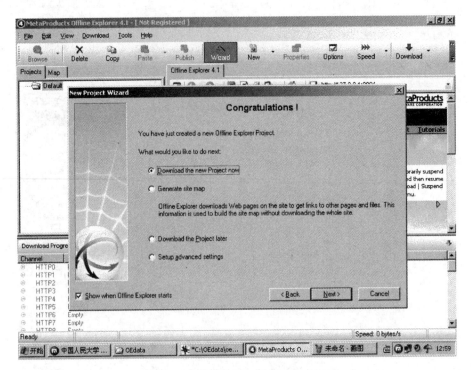

图 4—34 选择立即下载还是稍后下载

点击立即下载后，即可同时以多线程进行下载，在目前版本的 OE 中，最多可以以 40 个线程同时下载。如图 4—35 所示。

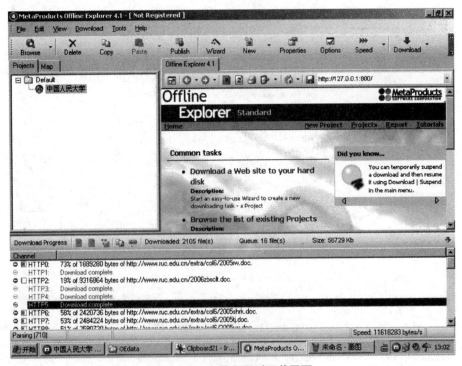

图 4—35 多线程同时下载网页

从图 4—36 中可以看到，在带宽良好的情况下，只花了 2 分钟时间，就把中国人民大学网站上的数千个文件全部下载到硬盘上了。

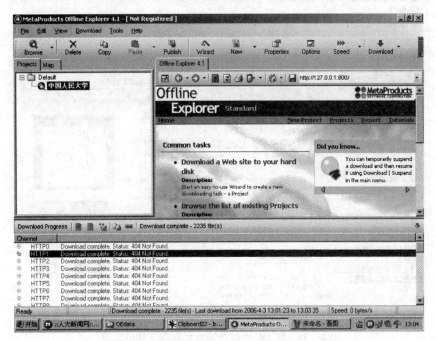

图 4—36 下载整站数千个文件，只花了 2 分钟

在项目区双击项目名（如"中国人民大学"），则可在 OE 的浏览区中显示页面的内容。如图 4—37 所示。

图 4—37 在 OE 中浏览下载的内容

点击浏览区左上角的全屏按钮，即可以全屏的方式显示网页的内容，如图 4—38 所示。

图 4—38   在 OE 中以全屏方式查看下载的网页

从资源管理器中，可以看到下载的所有文件都按原来的目录结构存放在硬盘上了。如图 4—39 所示。

图 4—39   下载的网页文件按原来的目录结构保存

　　在资源管理器中点击网页文件，可以在普通的浏览器中显示该网页的内容，如图
4—40 所示。

图 4—40　在普通浏览器中显示网页的内容

　　点击网页上的任意链接，可以从随后打开的网页的地址栏中看到，该网页是保存
在本地机的磁盘中，而不是保存在网站服务器中。如图 4—41 所示。

图 4—41　点击链接打开的下层网页仍保存在本地磁盘中

在资源管理器中对保存网页的目录右击鼠标键，选择其中的"属性"（如图 4—42 所示），可以看到，整站数千个网页其实只占用了不到 100M 的磁盘空间（如图 4—43 所示）。

图 4—42　查看网页保存目录的属性

图 4—43　整站数千个网页下载后只占用不到 100M 的磁盘空间

4.5　思考与练习

1. 计算机的数据压缩分为哪些类型？
2. 计算机图形的表示与还原技术有哪两大类？
3. 一个单色 256 点阵的汉字，需要占用多少存储空间？
4. 什么是文件下载？
5. 直接保存文件、用客户端软件下载和 BT 下载方式各有什么优缺点？
6. 什么是断点续传和多片段下载？
7. 什么是离线浏览？

第 5 章

网络交流

方便、快捷是网络交流的特点和优点。随着互联网的发展，网络交流经历过各种形式。在现在的 Internet 上，仍然有多种网络交流形式并存和发展。按技术实现来看，可以分为以下三大类：

- 电子邮件类：如电子邮件、邮件列表、电子杂志、讨论组等。
- 网页交流类：如留言本、反馈表、论坛、网页聊天室等。
- 专用软件类：如各类即时通信软件。

本章我们将向读者介绍最常用的一些网络交流方式。

5.1 基于电子邮件的交流

正如本书第 2 章所述，电子邮件（Email）服务是 Internet 最重要的信息服务方式之一，它为世界各地的 Internet 用户提供了一种极为快速、简便和经济的通信方式和信息交换手段。

除了为用户提供基本的电子邮件服务外，还可以使用电子邮件系统给邮件列表（Mailing List）中的每个注册成员分发邮件，甚至利用邮件列表来开办电子期刊服务。此外，另一种称为新闻讨论组（News Group）的应用虽然在技术实现上与电子邮件系统有差别，但在应用上有相似之处，因此我们把它们也归到这里来一并讨论。

5.1.1 电子邮件

与常规信函相比，电子邮件非常迅速，它把信息传递的时间由数天减少到几分钟甚至几秒钟。同时，电子邮件的使用是非常方便和自由的，不需要跑邮局，不需要另付邮费，一切在电脑上就可以完成了。正是由于这些优点，Internet 上数以亿计的用户都有自己的 Email 信箱，有不少人甚至拥有多个 Email 信箱。

据中国互联网络信息中心于 2009 年 1 月发布的《第 23 次中国互联网络发展状况统计报告》显示，在用户经常使用的网络服务和功能中，电子邮件服务的使用人数比例达到 56.8％，电子邮件成为利用率最高的 Internet 应用之一。

关于电子邮件的使用，我们已经在第 2 章做了详细的说明，不再赘述。

5.1.2　邮件列表

邮件列表英文名为 Mailing List，是 Internet 上的一种重要工具，用于各种群体之间的信息交流和信息发布。

邮件列表具有传播范围广的特点，可以向 Internet 上大量用户迅速传递消息，传递的方式可以是主持人发言、自由讨论和授权发言人发言等方式。

邮件列表具有使用简单方便的特点，只要能够使用 Email，就可以使用邮件列表。

最简单的邮件列表，可以在发电子邮件时抄送多人即可。但对于订阅人数多的邮件列表，则最好通过专业的邮件列表服务商来发送，以达到更高的效率。

例如，国内最大的邮件列表服务商希网网络（http://www.cn99.com，参见图 5—1），其邮件列表系统可以提供以下基本服务：

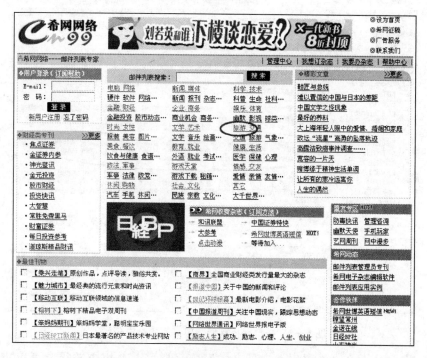

图 5—1　邮件列表服务提供商 cn99. com 首页

● 用户申请邮件列表，成为某个邮件列表的管理者，向其他用户提供邮件列表服务。这类用户管理相应的邮件列表，并发布信息或管理邮件列表。

● 普通用户订阅邮件列表，成为信息的接收者。如果邮件列表允许讨论，则也可以参加讨论。

● 提供邮件列表和 News 新闻服务器的转发信件，使用户可以通过 Email 接收 BBS 和 News 的信件，参加 BBS 和 News 的讨论，而不用长时间连接 BBS 和 News 服务器。

5.1.3 电子杂志

广义地说，电子杂志其实也属于邮件列表应用，或者说是特殊类型的邮件列表，是定期发行、具有固定主题的邮件列表。很多门户网站和专业网站都发行自己的电子邮件。

用户也可以通过上述专业的邮件列表发行商来发行自己的电子邮件，或者订阅相关的电子杂志。

下面我们以实例来说明订阅电子杂志的过程。

假设我们是旅游爱好者，我们希望订阅一些旅游类的电子杂志。首先，我们从希网首页的分类中找到"旅游"，点击后列出若干旅游类电子杂志，如图 5—2 所示。

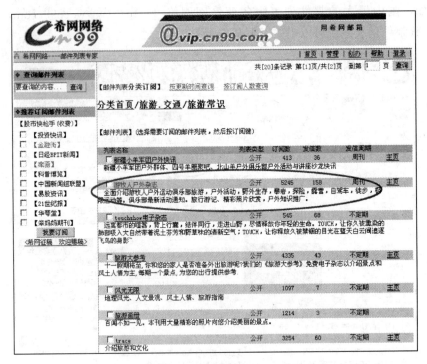

图 5—2   在希网找到所希望订阅的杂志分类

假定我们对其中的"游牧人户外杂志"感兴趣，点击相应链接，可以查阅该杂志已经发行的过期内容。如图 5—3 所示。从发行日期上我们可以看出，这是一份周刊。

列表类别:	TOP/旅游. 交通/旅游常识			
期号	主题	发表时间	当期订阅数	最佳
158	《游牧人》电子杂志第 147期	2005-04-23 10:04:25.0	5194	
157	《游牧人》电子杂志第 146 期	2005-04-14 22:44:25.0	5178	
156	《游牧人》电子杂志第 145 期	2005-04-08 17:42:47.0	5159	
155	《游牧人》电子杂志第 144 期	2005-04-04 21:12:15.0	5147	
154	《游牧人》电子杂志第 143 期	2005-03-28 19:27:30.0	5128	
153	《游牧人》电子杂志第 142 期	2005-03-23 22:41:20.0	5110	
152	《游牧人》电子杂志第 141 期	2005-03-04 18:23:58.0	5072	
151	《游牧人》电子杂志第 140 期	2005-02-28 19:10:08.0	5059	
150	《游牧人》电子杂志第 139 期	2005-01-30 11:06:57.0	5037	
149	《游牧人》电子杂志第 138 期	2005-01-14 12:43:00.0	5013	
148	《游牧人》电子杂志第 137 期	2005-01-11 08:56:04.0	5003	
147	《游牧人》电子杂志第 135 期	2004-12-20 09:23:23.0	4924	
146	《游牧人》电子杂志第 134 期	2004-12-13 15:19:58.0	4904	
145	《游牧人》电子杂志第 133 期	2004-12-05 08:03:09.0	4874	✓
144	《游牧人》电子杂志第 132 期	2004-11-28 18:06:28.0	4828	✓

后15篇文章

图 5—3　电子杂志过期内容

点击其中一期的链接，即可查阅该电子杂志的内容。如图 5—4 所示。

图 5—4　某电子杂志样刊

如果我们阅读了这份杂志的部分过期内容后觉得不错，确定要订阅，可以在电子杂志的最下部找到订阅口，如图 5—5 所示。

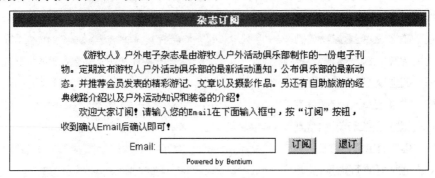

图 5—5　电子杂志订阅入口

在此订阅框中输入用户的 Email 地址，按"订阅"键，即可订阅该份电子杂志。此后，用户每周就可以收到一期所订阅的杂志了。

这里特别要提醒注意的是，如果订阅多份电子杂志，那么最好准备一个较大的电子邮箱。

5.1.4　新闻组

Internet 的新闻组（Usenet 或 News Group）虽然常被称为"新闻讨论组"，但却和"新闻"几乎没有关系，它其实是集中了对某一主题有共同兴趣的人针对各种专题相互讨论和交流的一种服务，人们在这里可以阅读并张贴（Post）各类消息。每一讨论组有一个名字来反映所讨论的内容主题。参见图 5—6。

图 5—6　微软中文新闻组

新闻组的信息由新闻服务器（Newsgroup Server）上的服务程序发送到世界各地，用户可以通过设置自己的新闻服务器来接收这些信息并参与讨论。

新闻组按专题分类，采用两种分级体系：主流体系和非主流体系。各级子名采用由高到低的顺序从左向右排列，并用小数点隔开，从而组成各新闻组的名字（即新闻组地址）。主流体系第一级子名及对应专题为：comp（computer，计算机）、misc（miscellaneous，杂项）、news（newsgroup，关于新闻组本身的讨论）、rec（recreation，娱乐消遣）、sci（science，科学）、soc（society，社会文化）、talk（争议问题讨论）等；非主流体系第一级子名及对应专题为：alt（alternate，任意讨论）、bionet（biology，生物学）、bit（Bitnet Listserv 邮件列表）、biz（business，商业）、humanities（人文学科）、k12（儿童教育）等，各公司、学校、团体也可以建立自己的新闻组名分级体系，如：microsoft（微软）、ruc（中国人民大学）等。

微软出品的 Outlook Express 软件具有新闻组客户端程序的功能，包括设置新闻组服务器账户、访问新闻组服务器、选订新闻组、下载与阅读电子稿件、编辑和发送电子稿件等。

Outlook Express 软件包用作新闻组客户程序，类似于其用作电子邮件客户程序，也含有相应的阅读稿件窗口与撰写稿件窗口。

邮件列表与新闻组有相似之处，但它们是通过完全不同的技术方案来实现的。邮件列表是由服务器把订阅的列表的所有消息直接投寄到邮箱，而新闻讨论组则允许选择阅读其中的消息。

关于新闻组的进一步使用介绍，可参阅有关的书籍和网络文章。

5.2 基于网页的交流

上面我们提到的基于电子邮件的交流，需要通过邮件服务器进行，或者说需要专门通过收发邮件来实现。而网民在浏览网页的过程中，可以直接在网页上进行交流。这类基于网页的交流方式，主要包括留言板、反馈表、论坛和网页聊天室等。下面我们对此做一个简单的介绍。

5.2.1 留言板

留言板（Guest Book，也称留言版、留言本、留言簿）是最早出现的网上交流工具，一般用于网民向网站管理者反映与网站有关的问题。后期的留言板加上了回复功能。例如，图 5—7 是某网站的留言板。

反馈单或反馈表是一种特殊类型的留言板，填写信息的网民在提示后，这些信息并不在网页上公开，而是直接进入网站数据库或通过电子邮件发送到管理信箱中。

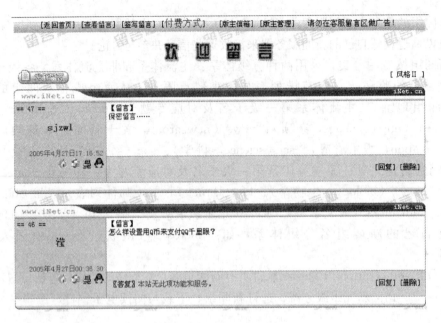

图 5—7　某网站的留言板

5.2.2　论坛（BBS）

论坛系统是从早期的电子公告牌系统（Bulletin Board System，BBS）发展而来的，因此，现在 BBS 亦成为论坛系统的代名词。例如，图 5—8 是新浪教育众多论坛中的一个。

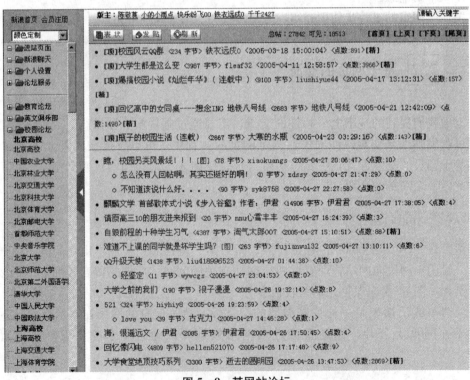

图 5—8　某网站论坛

5.2.3　聊天室

论坛虽然可以在多位网民间进行交流，但由于多方面原因的限制，并非所有论坛都是实时发布论题的，而且各论题可能内容较多，并不适合实时的交流，因此，人们又开发了可以实时进行交流的聊天室（Chat）系统。

聊天室的类型主要有文字聊天室、图片聊天室、语音聊天室。此外，现在的大部分即时通信系统都附带聊天室功能。参见图 5—9。

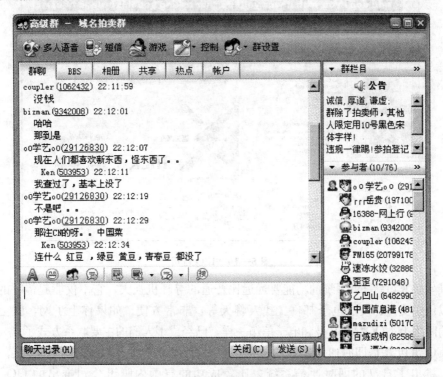

图 5—9　聊天室

由于并非每个人都安装了即时通信软件，或者使用的软件不一致，因此，有些网站干脆在页面上提供网页形式的聊天服务。

5.3　即时通信软件

即时通讯（Instant Messaging，IM）是一种通过网络进行点对点（个人对个人）的沟通软件，允许两人或多人利用网络实时传递文字、文件、图片、声音、视频等。最有代表性的有 ICQ、QQ、MSN Messenger 等。

5.3.1　ICQ

ICQ 是英语"I seek you"的谐音，是一种风靡全球的网络联系方式，它和我们通讯用的寻呼机有着十分相似的地方。只要你上了 Internet，并且拥有了一个 ICQ 号，那不论何时何地，你的朋友都可以通过网络找到你。

ICQ 的网址是 http://www.icq.com，其首页如图 5—10 所示。

图 5—10　ICQ 首页

其实，ICQ 等 IM 系统的功能要远远比普通的寻呼机强大，它不仅能起传呼的作用，还可以传送文件、发送电子邮件、找人聊天等，非常方便。如果你上了网，就会发现，现在的网络上，QQ/MSN 号和电子信箱一样，已经成了人们的主要联系方式了。

ICQ 可以算是即时通信工具的鼻祖，在 ICQ 获得成功后，许多网络软件公司纷纷效仿，推出了自己的即时通信系统。比较成功的有国内腾讯公司推出的 QQ（原名 OICQ）、微软公司推出的 MSN Messenger 等。

5.3.2　QQ

腾讯 QQ 是一款目前国内覆盖面最广的即时通信（IM）软件，注册人数达到数亿人，使用 QQ 同时在线的人数超过了千万。QQ 支持在线聊天、视频电话、点对点断点续传文件、共享文件、网络硬盘、自定义面板、邮箱等多种功能，还可以和其他通信网络互联。QQ 支持显示朋友在线信息、即时传送信息、即时交谈、即时发送文件和网址。运行 QQ 后，QQ 会自动检查是否已联网，如果电脑已连入 Internet，就可以搜索网友、显示在线网友，可以根据 QQ 号、姓名、Email 地址等关键词来检索，找到后可加入到通讯录中。当通讯录中的网友在线时，QQ 中朋友的头像就会显示为在线状态，根据提示就可以发送信息，如果对方开通了移动 QQ 功能，即使离线了，所发送的信息也可随时发送到对方的手机上。QQ 支持多用户设置并具有漫游功能。

下面我们简单介绍如何使用 QQ。

到 QQ 的官方网站（http://www.qq.com）或专业的软件下载站均可下载 QQ 客户端软件。双击进行安装，之后按提示一步一步地执行即可。

启动 QQ 时，登录界面的右上角有"申请号码"选项，如图 5—11 所示。只要按提示逐步进行，就可以申请到一个 QQ 号码。

图 5—11　QQ 登录界面

启动 QQ 后，在登录界面中输入用户名和密码，如图 5—11 所示，即可登录 QQ。登录 QQ 后将出现联系人名单，如图 5—12 所示。

图 5—12　QQ 联系人

新号码首次登录时，联系人名录中的好友名单是空的，要和其他人联系，必须先要添加好友。成功查找并添加好友后，就可以体验 QQ 的各种特色功能了。

在主面板上单击"查找"，打开"查找/添加好友"窗口，从中可以看到当前在线人数。QQ 提供了多种方式查找好友。下面我们以"精确查找"为例，查找昵称为"北京人"的网民，如图 5—13 所示。结果如图 5—14 所示。

图 5—13　QQ 的查找功能

图 5—14　QQ 的查找结果

在查找结果中选择想联系的人，选"加为好友"选项，就可以将对方加为自己的好友。有时为了避免被无关人员骚扰，对方可能设置了身份验证功能，这时，你在将对方加为好友时需要输入表明身份的信息。如图 5—15 所示。

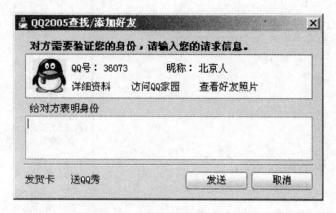

图 5—15　QQ 加好友的身份确认框

也可以在图 5—13 中选择"看谁在线上"功能，结果如图 5—16 所示。可以从中随机选取中意的网友加为好友，结上一段网缘。

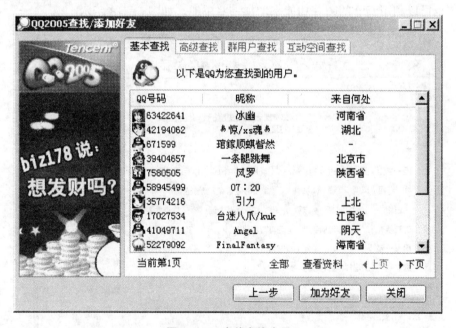

图 5—16　当前在线人员

另外，我们还可以利用 QQ 的高级查找来设置一个或多个查询条件。可以自由选择组合"在线用户"、"有摄像头"、"省份"、"城市"等多个查询条件。

利用 QQ 的群用户查找功能中可以查找校友录和群用户。

在添加了若干好友后，可以和任意一位好友互通信息。在好友列表中点击其中一位好友，即可显示通话对话框。在这里，你可以写入你想发给对方的信息。如图 5—17 所示。

图 5—17 QQ 的信息输入界面

你也可以利用 QQ 的图释功能来增加一些乐趣，如图 5—18 所示。

图 5—18 用图释增加谈话的乐趣

点击左下角的"菜单"，可以显示出 QQ 具有的其他功能。如图 5—19 所示。

图 5—19　QQ 的菜单列表

此外，QQ 还具有群组功能，将一批志趣相投的网友聚在一起，互通信息，实现聊天室的功能。如图 5—9 所示。

更多的 QQ 功能不再详述，有兴趣的读者可以从网上搜索相关的资料，或者与网友交流取经，相信你很快也会成为一个熟练的 Q 友的。

5.3.3　MSN Messenger

MSN Messenger 是微软公司推出的产品，功能也非常强大，很多功能与 QQ 的功能类似。图 5—20 是其正常的联机状态，其中列出了所有好友及其状态。

图 5—20　MSN Messenger 的联系人

和 QQ 一样，在 MSN Messenger 中，可以和好友互通信息，如图 5—21 所示。

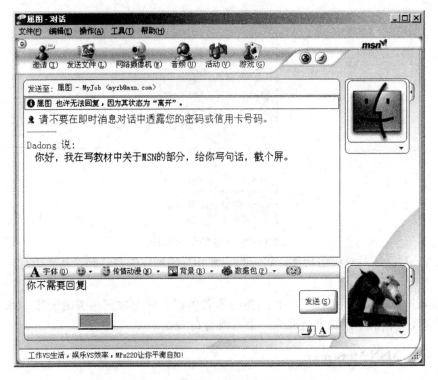

图 5—21　MSN Messenger 的工作界面

在 MSN Messenger 中，除了进行文字通信外，还可以选择一些图释来增加表现力。如图 5—22 所示。

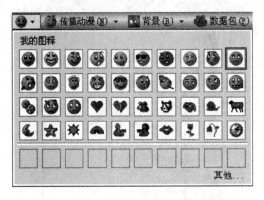

图 5—22　MSN Messenger 的图释

更多的功能不再详述，有兴趣的读者可以从网上搜索相关的资料，或者与网友交流取经。

5.3.4　其他 IM 系统

下面介绍一些国内网民常用的其他 IM 系统。

● 网易泡泡（见图 5—23）：由网易公司开发的方便灵活的即时通讯工具。集即时聊天、手机短信、在线娱乐等功能于一体，除具备目前一般即时聊天工具的功能外，还拥有许多更加体贴用户需要的特色功能，如邮件管理、自建聊天室、自设软件皮肤等。

● 新浪 UC（见图 5—24）：原名朗玛 UC，后被新浪收购，是国内较早投入研发的即时通讯软件。UC 集传统即时通信软件功能于一体，是融合 P2P 思想的新一代开放式网络即时通信娱乐软件，将有声有色、图文并茂的场景聊天模式，视频电话、可断点续传的文件传输、能够多人聊天的多人世界，消息群发功能和在线游戏功能以及同学录（团体）等有机结合，形成一个完整的网上即时通讯娱乐平台，满足人们日常工作和生活的需要，给大家带来边说、边看、边玩的网络生活全新感觉。

● TOM-Skype（见图 5—25）：Skype 是一款以语音对话见长的 P2P 软件。我们知道，目前的各款即时通讯软件都支持成员之间的语音对话功能。和它们相比，Skype 的优势在于，Skype 与所有防火墙、路由、NAT 等兼容，而且无需任何设置，这就意味着，无论是否有防火墙，Skype 都能实现成功的点对点的聊天，而 MSN、QQ 等就往往受限于防火墙而不能正常使用。此外，Skype 号称是与最优秀的声学专家合作，因此能提供最优质的话音效果，另外，它的对话是通过加密进行输送的，确保了语音聊天内容的保密性。同时，Skype 还具有 IM 的功能，也就是能够进行文字聊天。

● 雅虎通（见图 5—26）：Yahoo! 开发的聊天软件，功能包括：语音聊天、多方会谈、好友清单、传送即时信息、来信提醒等。

图 5—23 网易泡泡联系人界面

图 5—24　新浪 UC 首页

图 5—25　以语音通话功能见长的 TOM-Skype

图 5—26 雅虎通网站首页

5.4 综合性网上交流

上述交流手段都比较单一，随着互联网的发展，人们又推出了综合性的网上社区服务，如网上社区、网上路演等。

5.4.1 网上社区

网上社区是综合了多种网上交流技巧，融合了多种形式的娱乐、服务的网上虚拟社区。各大门户网站和一些专业网站均建立了自己的网上社区，它们一般由多个专题论坛构成。

例如，网易的网上北京社区"网站北京"如图 5—27 所示。图 5—28 是"北京热线"网站。

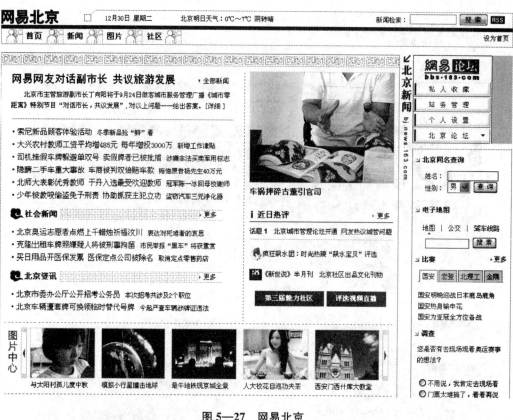

图 5—27 网易北京

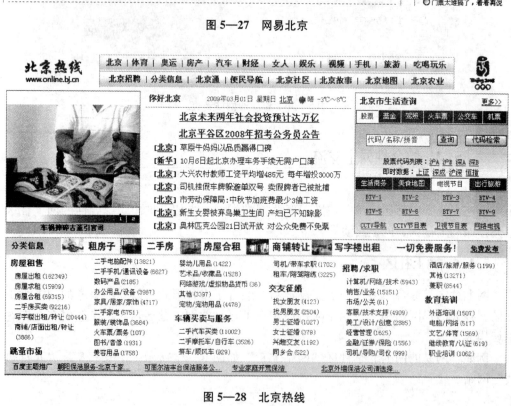

图 5—28 北京热线

5.4.2　网上路演

网上路演（RoadShow）是指利用网上交流平台，向公众展示企业形式的宣传活动。一般包括企业及嘉宾介绍、嘉宾问答、实时转播（文字、图片、音频、视频等）等内容。

根据有关规定，国内上市公司在上市前必须在证监会指定的网站上进行网上路演。以下是部分常见的网上路演网站及其网址：

- 中国网上路演中心：http://rsc.p5w.net，如图 5—29 所示。
- 中国证券网路演中心：http://www.cnstock.com/lyzxnew，如图 5—30 所示。
- 搜狐路演：http://luyan.yanbo.sohu.com，如图 5—31 所示。

图 5—32 是一家上市公司发行新股前的网上路演首页。

在网上交流页面中。投资者可以在路演时间内直接向公司的最高管理层和相关的中介机构负责人提出所希望了解的问题，并得到及时的回复。如图 5—33 所示。

图 5—29　中国网上路演中心

日今日关注 | 评论 | 证券界 | 沪深股市 | 港股 | 海外股市 | 基金 | 期货 | 金融机构 | 外汇债券 | 上市公司

产业 | 地产投资 | 投资理财 | 艺术财经 | 金融IT | 世博纵览 | 行情数据 | 研究报告 | 融资市场 | 股金在线

上海证券报 | 博客 | 论坛 | 股民学校 | 金融知识库 | 财经书店 | 财经人才 | 财经视频

中国太保首次公开发行A股网上推介会

中国太平洋保险（集团）股份有限公司于2007年12月13日在中国证券网成功举办A股首发网上路演……

东方明珠增发A股网上路演

上海东方明珠（集团）股份有限公司于2007年12月19日在中国证券网成功举办A股增发网上路演……

新智科技股改网上路演

新智科技股份有限公司于2007年11月14日在中国证券网成功举办股改网上路演……

长春一汽四环汽车股份有限公司企业推介

长春一汽四环汽车股份有限公司成立于1993年6月，是由一汽集团公司……

路演预告

2008年9月19日14:00-16:00
江西铜业网上路演

2008年9月1日13:30-15:30
济南轻骑网上路演

2008年8月20日9:30-11:30
新钢股份网上路演

2008年8月5日14:00-16:00
张江高科网上路演

2008年7月28日14:30-16:30
冠城大通网上路演

2008年7月23日9:30-11:30
金发科技网上路演

发行路演　更多>>
- 江西铜业网上路演
- 新钢股份网上路演
- 张江高科网上路演
- 冠城大通网上路演
- 金发科技网上路演
- 栖霞建设网上路演
- 城投控股网上路演
- 葛洲坝网上路演
- 浦东建设网上路演
- 中海油服网上路演
- 海螺水泥网上路演
- 赛马实业网上路演

股改交流会回顾　更多>>
- 济南轻骑股改网上交流会
- 上海华源制药股份有限公司股改网上交流会
- 上海华源制药股份有限公司股改网上交流会
- 新智科技重大资产重组及股权分置改革网上路演

摇号中签　更多>>
- 凯诺转债发行中签摇号仪式
- 柳化转债中签摇号仪式
- 大秦铁路股票发行摇号中签仪式
- 中国银行股票发行摇号中签仪式

新股指南 精华全览

中签号码 快速查询

精彩现场回顾

图 5—30　中国证券网路演中心

搜狐路演 ROADSHOW

最新播报

最新推出
第十届华语歌曲榜中榜官方站上线
—— Channel[V]音乐台
时间：2003年12月1日

搜狐网上路演中心
全球领先的互动商务平台

解决方案　产品服务　选择搜狐　案例演示　联系我们

精彩推介
中国民营经济发展形势分析会
宝马新5系列轿车发布仪式直播
东风汽车有限公司事业计划发布会
2003年"中国金唱片奖"颁奖典礼
2003中国国际时装周
著名导演郭宝昌访谈实录
林志炫做客搜狐访谈实录
麦当劳和动感地带同城结盟
英特尔人力资源专题视频直播
搜狐构建网上迪士尼 娱乐巨头联手
>>更多精彩路演

路演动态
搜狐路演传情 舒淇风采乍现
搜狐即将推出网络影音室
大唐CDMA手机路演创提问数天量
娱乐公司谈美女"诱惑"
SunOne在线峰会选搜狐网上路演
我评"我要诱惑你"在线活动

用户手册　系统测试　申请加盟

播放软件下载
Realplay　Windows Media Player

图 5—31　搜狐路演

图 5—32　上市公司路演主页

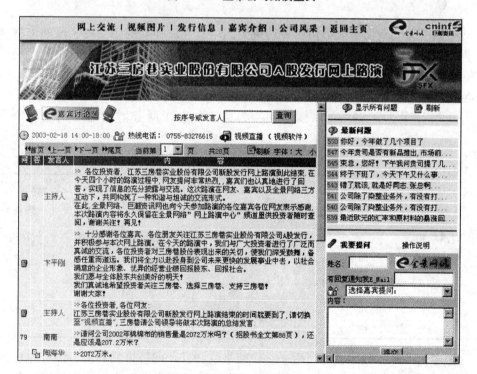

图 5—33　上市公司路演之网上交流

5.5　思考与练习

1. 试述各类网络交流方式的特点和适用面，并上网具体体验。
2. 你还能找出本章没有提到的其他网络交流方式吗？

第 6 章

电子商务与网络购物

电子商务是与网民生活密切相关的重要网络应用。随着网络支付手段的丰富和完善、网络安全措施的增强、现代物流的发展以及 Internet 的普及，电子商务已经成为一项流行的 Internet 应用。根据中国互联网络信息中心于 2009 年 1 月发布的《第 23 次中国互联网络发展状况统计报告》，截至 2008 年底，网络购物用户人数已经达到 7 400 万人，年增长率达到 60%，以网络购物为代表的电子商务增长趋势明显。参见表6—1。

表 6—1   2007—2008 年电子商务类应用用户对比[①]

	2007 年底		2008 年底		变化	
	使用率	网民规模（万人）	使用率	网民规模（万人）	增长量（万人）	增长率
网络购物	22.1%	4 600	24.8%	7 400	2 800	60.9%
网络售物	—	—	3.7%	1 100	—	—
网上支付	15.8%	3 300	17.6%	5 200	1 900	57.6%
旅行预订	—	—	5.6%	1 700	—	—
网上银行	19.2%	4 000	19.3%	5 800	1 800	45.0%
网络炒股	18.2%	3 800	11.4%	3 400	−400	−10.5%

在电子商务的各项代表性应用中，除网络购物外，网络售物和旅行预订也已经初具规模，网络售物网民数已经达到 1 100 万人，通过网络进行旅行预订的网民数达到 1 700 万人。这里的网络售物不仅包括网络开店，也包括在网上出售二手物品。与网络购物密切关联的网上支付发展十分迅速，目前使用的网民规模已经达到 5 200 万人，年增长率达到 57.6%。有力地推动了网络购物的发展。网上银行 2008 年底应用人数也达

[①] 表 6—1 中的数据来源于中国互联网络信息中心于 2009 年 1 月发布的《第 23 次中国互联网络发展状况统计报告》。

到了 5 800 万人，使用率为 19.3%。受 2008 年股市下跌影响，网络炒股的总人数和比例均有所下降，但绝对人数仍有 3 400 万人之众。

电子商务是计算机网络的第二次革命，它通过电子手段建立新的经济秩序，不仅涉及电子技术和商业交易本身，而且涉及诸如金融、税务、教育等社会其他层面。本章将向读者介绍有关电子商务的知识。

6.1 什么是电子商务

所谓电子商务，是指各种具有商业活动能力的实体（生产企业、商贸企业、金融机构、政府机构、个人消费者等）利用网络和先进的数字化技术进行的各项商业贸易活动。其中有两方面特点要特别注意，一是商业性的背景和目的，二是网络化和数字化的技术手段。

简而言之，电子商务就是通过电子网络渠道达成的商务活动。

电子商务有广义和狭义之分：

➤ 狭义的电子商务也称作电子交易（E-commerce），主要是指利用网络通信手段达成的交易。

➤ 广义的电子商务包括电子交易在内的利用网络进行的全部商业活动，如市场分析、客户联系、物资调配，等等，亦称作电子商业（E-business）。

其实，电子商务并非新生事物。早在 20 世纪 70 年代，电子数据交换（EDI）和电子资金转账（EFT）作为企业间电子商务应用的系统雏形已经出现。多年来，大量的银行、航空公司、连锁店及制造业单位已建立了供方和客户间的电子通信和处理关系。这种方式加快了供方处理速度，有助于实现最优化管理，使得操作更有效率，并提高了对客户服务的质量。

但早期的解决方式都是建立在大量功能单一的专用软硬件设施的基础上，因此使用价格极为昂贵，仅有大型企业才有能力利用。此外，早期网络技术的局限也限制了应用范围的扩大和应用水平的提高。

随着电子技术和网络的发展，电子中介作为一种工具被引入了生产、交换和消费中，人们做贸易的顺序并没有变，还是要有交易前、交易中和交易后几个阶段。但这几个阶段中人们进行联系和交流的工具变了，比如以前人们用纸质单证，现在改用电子单证。

这种生产方式的变化必将形成新的经济秩序。在这个过程中，有的行业会兴起，有的行业会没落，有的商业形式会产生，有的商业形式会消失，这就是为什么我们称电子商务是一次社会经济革命。仅从交换这个范围来看，电子工具是通过改变中介机构进行货币中介服务的工具而改变了其工作方式，从而使它们产生了新的业务，甚至出现了新的中介机构。这个阶段的一个重要特点就是信息流处于一个极为重要的地位，它在一个更高的位置对商品流通的整个过程进行控制。所以我们认为电子商务同现代社会正逐步兴起的信息经济是密不可分的。

Internet 的飞速发展为电子商务的发展奠定了基础，随着 Internet 的高速发展，电子商务的旺盛生命力日益显露。2008 年底，中国互联网用户已经达到 2.98 亿人，电子商务的用户群得到了极大的扩展。Internet 的发展在环境、技术和经济上都为电子商务创造了条件，电子商务作为 Internet 的一项最为重要的应用已呈现在我们眼前了。

在发达国家，电子商务的发展非常迅速，通过 Internet 进行交易已成为潮流。基于电子商务而推出的商品交易系统方案、金融电子化方案和信息安全方案等，已形成了多种新的产业，给信息技术的发展带来许多新的机会，并逐渐成为国际信息技术市场竞争的焦点。近年来，电子商务发展的速度是十分惊人的。根据有关资料，美国 1995 年网上交易量仅有 5 亿美元，全球不到 10 亿美元。而之后 10 年电子商务的发展，只能用"爆炸"来进行形容。1998—2005 年关于全球网上交易额的统计数据如下：

- 1998 年：376 亿美元
- 1999 年：984 亿美元
- 2000 年：1 972 亿美元
- 2001 年：3 540 亿美元
- 2002 年：6 153 亿美元
- 2003 年：1.24 万亿美元
- 2004 年：2.5 万亿美元
- 2005 年：5 万亿美元

而中国的电子商务交易额发展速度也十分可观。以企业对企业（B2B）类型的电子商务为例，电子商务交易金额逐年稳步扩大：[1]

- 2002 年：760 亿元
- 2003 年：1 390 亿元（年增长 83%）
- 2004 年：3 160 亿元（年增长 127%）
- 2005 年：6 500 亿元（年增长 106%）
- 2006 年：1.28 万亿元（年增长 97%）
- 2007 年：2.13 万亿元（年增长 66%）
- 2008 年：2.96 万亿元（年增长 39%）
- 2009 年：4.56 万亿元（预计）
- 2010 年：6.32 万亿元（预计）

由于电子商务手段的引进，社会的经济和就业市场的面貌也将产生巨大的变化。电子商务是一个动态的过程，它对国际市场的重新划分具有重大影响，它也为企业开辟了新的生长途径，既是机遇，也是挑战。把握得好，企业可以在很短的时间内崛起；把握不好，原来在行业内占据优势的企业也可能会很快被别人赶超。

迅猛发展的电子商务正在或将要改变许多人的日常生活和工作模式。在商业交易中使用电子媒体和网络早已不是新鲜事物。高度电子化的全球有价证券市场已经从根本上改变了全世界的金融交易结构，电子银行和信用卡校核系统在商业领域已是屡见不鲜了，

---

[1] 本组数据源于艾瑞咨询网站（http://www.iresearch.com.cn）。

社会保险和其他福利已经转化为通过受益者的银行账户发放。在许多城市的服务系统中，储值卡代替了其他的付款方式。网上银行、网上医院、网络邮局、网上学堂纷纷走入寻常百姓家。即便如此，电子商务的形式和规模每时每刻仍在发生着重大的变化。

6.2 电子商务的要素

商业行为是整个人类联系行为的最主要内容之一，任何一笔商业行为，买方和卖方交换的是他们的需求，而任何一件商品均包含了物资流、资金流和信息流，这是从人类最初的简单的以物易物活动到今天纷繁复杂的商业活动所共同遵循的。

一个完整的电子商务（EC）系统包括信息流、资金流与物流三个要素，三者相辅相成。此外，网络安全、客户信用等也是需要重点考虑的因素。

6.2.1　信息流

信息流就是通过电子网络向客户展示所售商品的相关信息，引导客户通过网络进行购物。

抓住信息流，吸引客户，就在互联网电子商务上成功了一半。

典型的信息流表现形式主要有：

● 网站宣传

● 网络广告（如图 6—1 所示）

图 6—1　信息流：网络广告

- 搜索引擎
  - 信息搜索（如图 6—2 所示）
  - 产品/商品/购物搜索（如图 6—3 所示）
  - 商机搜索（如图 6—4 所示）
  - 行业搜索引擎（如图 6—5 所示）
- 企业情报／行业情报／产品资讯跟踪（如图 6—6～图 6—8 所示）
- 定向广告（窄告）（如图 6—9 所示）

图 6—2　信息流：搜索引擎信息搜索

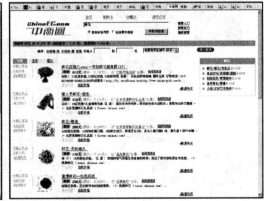

图 6—3　信息流：搜索引擎商品搜索

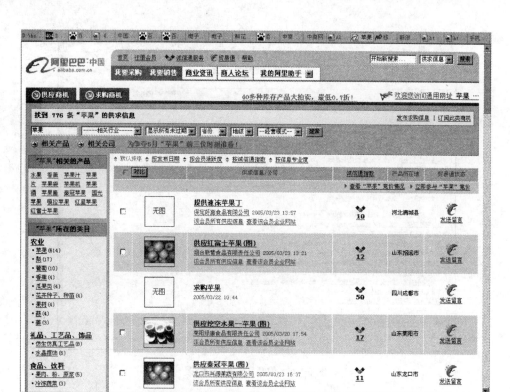

图 6—4　信息流：搜索引擎商机搜索

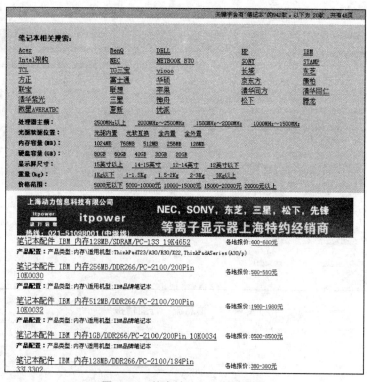

图 6—5　信息流：行业搜索引擎

图 6—6　信息流：企业情报

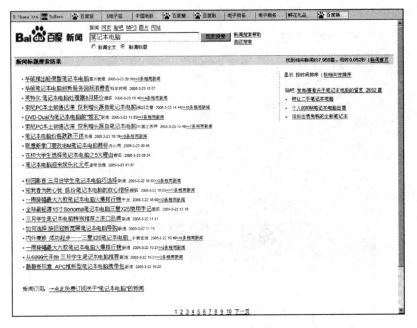

图 6—7　信息流：行业情报

图 6—8 信息流：产品资讯

图 6—9 信息流：定向广告（窄告）

6.2.2 资金流

资金流就是使客户在选择商品后，能够方便、快捷地通过网络支付交易费用。经过几年的发展，Internet 上的资金支付方式已经有了非常全面的解决方案。主要包括：

● 网上银行。招商银行率先推出了大众版（见图 6—10）和专业版（见图 6—11）网上支付系统，其他各大商业银行也纷纷跟进。现在，通过网上银行已经能够实现实时在线支付和转账。

● 小额支付手段也越来越丰富，例如：

■ 手机短信。中国移动的移动梦网（见图 6—12）已经成为一个成熟的支付工具，同时也成为很多网站项目的代收费平台。

■ 充值卡 / 声讯电话 / 小灵通

● 第三方网上支付中介平台的出现，促进了电子商务网站的发展。例如：

■ 首信易支付（www.beijing.com.cn）、网银在线、中国在线支付网等第三方支付平台，可以接受数十种银行卡的网上支付，如图 6—13 所示。

■ 支付宝（alipay.com）等支付中介，解决了支付诚信问题。如图 6—14 所示。

■ 易付通（www.xpay.cn）等利用手机卡等方式充值的第三方支付平台，开启了网上支付解决方案的新思路。如图 6—15 所示。

■ 中国共享软件注册中心等一类网站（见图 6—16），解决了软件发行的小额收费问题，促进了软件开发的发展。

图 6—10　网上支付：招商银行大众版

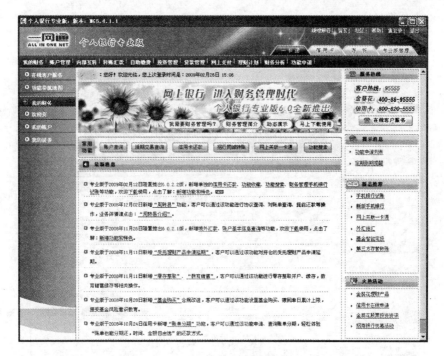

图 6—11 网上支付：招商银行专业版

图 6—12 网上支付：中国移动的移动梦网

图 6—13　网上支付：首信易支付支付平台

图 6—14　网上支付："支付宝"支付中介平台

图 6—15 网上支付：通过手机卡实现代收费功能

图 6—16 支付中介促进了小额软件的发展

6.2.3　物流

物流是供应链流程的一部分，是为了满足客户需求而对商品、服务及相关信息从原产地到消费地的高效率、高效益的正向和反向流动及储存进行的计划、实施与控制过程。

物流管理不仅纳入了企业间互动协作关系的管理范畴，而且要求企业从更广阔的背景上来考虑自身的物流运作，即不仅要考虑自己的客户，而且要考虑自己的供应商；不仅要考虑到客户的客户，而且要考虑到供应商的供应商；不仅要致力于降低某项具体物流作业的成本，而且要考虑使供应链运作的总成本最低。随着供应链管理思想的出现，物流界对物流的认识更加深入，强调"物流是供应链的一部分"；并从"反向物流"角度进一步拓展了物流的内涵与外延。

就目前中国电子商务的产业发展现状来看，随着 Internet 的普及和技术的进步，信息流和资金流已经有了比较成熟的解决方案。影响中国电子商务前进的比较大的问题是诚信问题和物流问题。

中国电子商务的发展在很大程度上受着物流的制约。在国外被证明成功的模式，移植到中国后很多并不能成功，主要原因是中国尚显落后的快递业以及用户对邮购方式的不认同。

以某个中国最早的电子商务网站为例，其经营的主要产品是图书音像，它一开始是将配送外包给第三方物流公司的，但实施过程并不理想，由于第三方物流公司在管理水平上的欠缺，使其商品在配送及时性、准确性方面都得不到保证。后来不得不将物流模式改变为在大中城市以自己配送为主，快递公司在旺季提供支援，而偏远地区则采取邮局邮寄的组合模式。

其实，要在中国的电子商务发展中解决物流的问题，进而推广中国电子商务的持续发展，比较可行的方法是在物流环节形成强大的"物流联盟"，以支撑起整个电子商务产业的物流体系。

这里所说的物流联盟是指电子商务网站和邮政、快递等物流企业组成的物流产业链，电子商务网站在其中扮演产业链的催生及带动者，对目前物流资源进行合理而高效的整合与利用。

我们以一家全国鲜花速递网站为例，它可以将邮局、专业快递公司及自己的快递部门整合成一个庞大而有效的物流网络，扩大其覆盖面。在北京、广州、上海等消费力较强的核心城市采用自建鲜花基地、自行配送辅以快递业支持的形式；而在其他地区，则转以与当地鲜花店建立合作，构建一个覆盖全国的"虚拟仓库"，利用邮政系统进行商品递送。

解决物流问题的另一种方法是将商品数字化，进而实现物流数字化，对客户购买的商品用网上传送代替传统的物流配送，从而裁减掉实体物流环节。例如，电子杂志的订阅、电话充值卡、游戏卡、电子机票、演出票、体育赛事票的网上购买，网上挂号、诊疗、视频点播和购买等。

6.2.4　网络安全

虽然互联网的普及给我们的工作、生活、娱乐带来了很大的便利和乐趣，但随之而来的网络信息安全问题也不可小视。对网络信息安全的威胁影响了电子商务的更快速普及。影响网络信息安全的因素很多，有些是自然的，有些是人为的。对于影响电子商务的网络信息安全的隐患主要是人为故意攻击，这是信息和信息系统面临的最大安全威胁。针对信息和信息系统进行的攻击可以分为主动攻击和被动攻击两类。主动攻击采取各种方式破坏信息的完整性、有效性、真实性，如计算机病毒；被动攻击是在不影响网络正常运行的情况下，通过截获、窃听、破译等方式获取系统中的重要机密信息，如计算机木马。这两类攻击都会对信息系统造成很大的危害，并且使机密信息泄露。

关于网络信息安全的内容，我们在本书第 8 章中专门详细介绍，在此不再赘述。

6.2.5　网络信用

除了上述信息流、资金流、物流和网络安全等要素之外，网络信用问题或者诚信问题也在电子商务中起到了越来越重要的作用。

网络信用体系的建设过程，包括国家信用管理体制和法规的建设和完善，以及商家信用认证系统的建立和完善。

目前在中国的网络信用体制建设中，国家主要对以下环节进行监管：

- 网站备案和审核
  - 通信管理局：经营性网站 ICP 认证和非经营性网站 ICP 备案制
  - 工商局：经营性网站备案
  - 特种行业：审批制度
- 《中华人民共和国电子签名法》的出台
- 企业信用信息系统（见图 6—17）

图 6—17　北京市企业信用信息系统

从商业的角度来看，一般是通过发展第三方的交易中介、支付中介、数字认证、诚信分级、认证商户等方式，来促进信用体系的建设和发展的。

6.3 电子商务的分类

参与电子商务的主体主要包括商家（Business）、消费者（Customer）、政府机构（Government），相应的电子商务可以分为以下几大类型：

➤ B2B（商家对商家）的电子商务是企业与企业之间的电子商务，即电子商务的供需双方都是商家（包括厂家和商户），它们通过互联网进行产品、服务和信息的商务活动，利用互联网技术及相应的商务网络平台完成电子商务，如发布供求信息、订货及确认订货、支付过程及票据的签发/传送和接收、确定配送方案并监控配送过程等。典型例子包括阿里巴巴、中国化工网、中国供应商、中国制造网等（见图 6—18）。B2B 按服务对象可分为外贸 B2B 及内贸 B2B，按行业性质可分为综合 B2B（也称 B2B 门户）和垂直 B2B。

图 6—18　阿里巴巴网站和中国化工网

➤ B2C（商家对消费者）模式可以看做是通过网络进行零售活动，消费者通过网络在网上购物、在网上支付。B2C 型电子商务的典型代表有国外的 amazon. com，国内的卓越网（Joyo. com）和当当网（dangdang. com），如图 6—19 和图 6—20 所示。

➤ C2C（个人对个人）一般是以在线交易平台的形式出现，交易双方可以利用这个平台进行在线交易。卖方可以在该平台上开设网店、商铺，而买家可以在此平台上进行购物。个人对个人的交易在电子商务的总交易额中所占比例最小，但覆盖的人群最广，影响面也最大。目前比较困扰 C2C 型电子商务的主要是交易者的诚信问题，随着第三方交易中介、支付中介的介入和电子签名法的实施，对 C2C 型的交易会产生非常积极的促进作用。C2C 型电子商务的典型代表是淘宝网（Taobao.com）和易趣网（eBay. com. cn），如图 6—21 所示。

图 6—19　amazon. com

图 6—20　卓越网与当当网

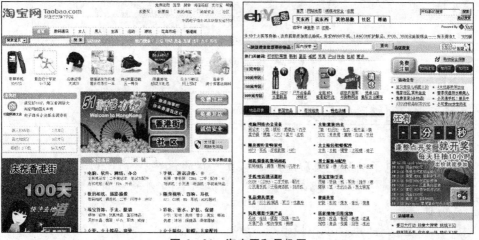

图 6—21　淘宝网和易趣网

➤ G2B（政府对企业）模式将政府与企业之间的各项事务都涵盖在其中，包括政府采购、招投标、税收、商检、管理条例发布等。这种模式可以归入电子政务的范畴。

➤ G2C（政府对个人）模式目前在国内的应用还不太多。在少数发达国家，个人的涉税事务均可以通过网络进行办理，这即是 G2C 模式的典型案例。

➤ B2B2C 电子商务平台。除了上述 B2B、B2C、C2C 等类型的电子商务外，还有一类沟通厂商和消费者的电子商务平台。以中商网为例，一方面它们连着厂家和商家，厂商可以在这个电子商务平台上发布商机，展示产品；另一方面它们又连着消费者，消费者在中商网看中的商品，可以通过这个平台直接购买，中商网承担了中介的角色，一方面解决了买卖双方最担心的交易诚信问题，另一方面集中发布商品信息，使消费者在更大的范围内可以放心地选购到价廉物美的商品，如图 6—22 所示。

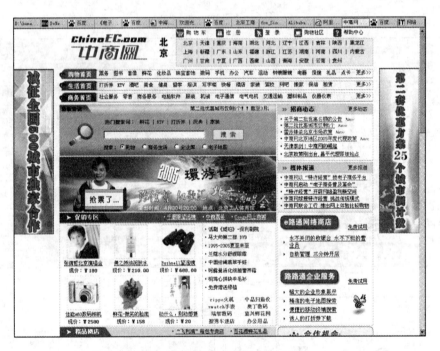

图 6—22　中商网电子商务平台

6.4　网络购物示例

网络购物是电子商务的典型应用，本节我们通过在一个 B2C（商家对消费者）类型的电子商务网站——卓越亚马逊网站购买图书的例子来向读者介绍网络购物的主要环节。

访问卓越亚马逊网站首页（http://www.amazon.cn），如图 6—23 所示。

图 6—23　卓越网首页

现在我们打算购买由尤晓东著的《域名投资与域名争议》一书，可在页顶搜索框中选择"图书"分类，之后可以根据"书名"搜索"域名投资与域名争议"，也可以从"作者"项搜索"尤晓东"。结果如图 6—24 所示。

图 6—24　商品搜索

点击书名或图书封面图，即可查阅该图书的有关介绍。如图 6—25 所示。

详细阅读和了解了关于图书的介绍后，我们决定购买这本书，于是，点击"购买"，将图书放入购物车中。此时，我们可以选择马上结算，也可以选择继续购物。

图 6—25　商品介绍

重复以上搜索商品和购买的过程，将所有想购买的商品都放入购物车中。点击页面上的"购物车"链接，可以查阅已经放入购物车中的商品。如图 6—26 所示。

图 6—26　购物车

在确认或修改商品名称和数量后，可以点击"进入礼品专区"选择优惠赠送或购买的礼品，也可以点击"进入结算中心"结账。进入结算中心后的订单页面如图6—27所示。

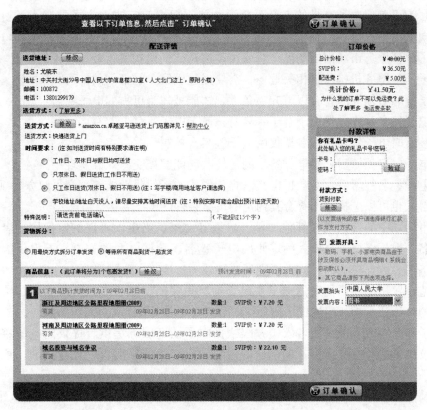

图6—27　订单页面

设置订单的相关信息，如配送方式、付款方式、配送时间、发票等之后，点击页面底部的"订单确认"就可以生成实际的订单了。之后，在该电子商务网站承诺的时间内，我们就可以收到所订购的商品了。

至此，一次完整的电子商务网站购物活动就完成了。

6.5　相关政策法规

电子商务的发展，离不开政策的支持。2005 年 1 月 8 日，国务院办公厅颁布《关于加快电子商务发展的若干意见》；2005 年 4 月 1 日，《中华人民共和国电子签名法》施行。这些，都预示着电子商务的春天到来了。

1.《中华人民共和国电子签名法》要点

所谓电子签名，是指数据电文中以电子形式所含、所附用于识别签名人身份并表明签名人认可其中内容的数据。通俗点说，电子签名就是通过密码技术对电子文档的电子形式的签名，并非是书面签名的数字图像化，它类似于手写签名或印章，也可以说它就是电子印章。

在电子商务交易中，交易双方使用电子签名时，考虑到目前中国社会信用体系还不健全，为了确保电子交易的安全可靠，往往需要由第三方对电子签名人的身份进行认证，向交易对方提供信誉保证，这个第三方一般称为电子认证服务机构。电子签名法设立了认证服务市场准入制度，明确由政府对认证机构实行资质管理的制度。

电子认证服务机构从事相关业务，需要经过国家主管部门的许可。

电子签名必须同时符合以下几项条件，才能被视为可靠的电子签名：

- 电子签名制作数据用于电子签名时，属于电子签名人专有
- 签署时电子签名制作数据仅由电子签名人控制
- 电子签名签署后，对电子签名的任何改动能够被交易双方发现
- 电子签名签署后，对数据电文内容和形式的任何改动能够被交易双方发现

当事人也可以选择使用符合其约定的可靠条件的电子签名。

民事活动中的合同或者其他文件、单证等文书，当事人可以约定使用或者不使用电子签名、数据电文。当事人约定使用电子签名、数据电文的文书，不得仅因为其采用电子签名、数据电文的形式而否定其法律效力。

伪造、冒用、盗用他人的电子签名，构成犯罪的，依法追究刑事责任；给他人造成损失的，依法承担相应的民事责任。

电子签名人或者电子签名依赖方因依据电子认证服务提供者提供的电子签名认证服务从事民事活动遭受损失，电子认证服务提供者不能证明自己无过错的，承担赔偿责任。

涉及停止供水、供热、供气、供电等公用事业服务的文书，如果采用电子签名、数据电文，并不适用于这部法律的调整范围，可能不具有法律效力。另外，"涉及婚姻、收养、继承等人身关系的"，"涉及土地、房屋等不动产权益转让的"，也不适用于这部法律的调整范围。

2. 国务院办公厅《关于加快电子商务发展的若干意见》要点

国务院办公厅《关于加快电子商务发展的若干意见》（以下简称《意见》），分为 8 部分 25 条内容，将按照国务院要求，由有关部门本着积极稳妥推进的原则，加快研究制定电子商务税费优惠的财税政策，加强电子商务税费管理；支持企业面向国际市场在线销售和采购，鼓励企业参与国际市场竞争。此外，今后政府采购将积极应用电子商务。推进在线支付体系建设也是这项政策的一个重要方面。有关部门将加紧制定在线支付业务规范和技术标准，研究风险防范措施；积极研究第三方支付服务的相关法规，引导商业银行、中国银联等机构建设安全、快捷、方便的在线支付平台，推动在线支付业务规范化、标准化并与国际接轨。

《意见》不仅阐明了发展电子商务对我国国民经济和社会发展的重要作用，提出了加快电子商务发展的指导思想和基本原则，还列举了很多促进电子商务发展的具体措施。

《意见》要求建立健全适应电子商务发展的多元化、多渠道投融资机制，研究制定

促进金融业与电子商务相关企业互相支持、协同发展的相关政策。

《意见》涉及了加快信用体系建设的问题，提出了"加强政府监管、行业自律及部门间的协调与联合，鼓励企业积极参与，按照完善法规、特许经营、商业运作、专业服务的方向，建立科学、合理、权威、公正的信用服务机构"，而且特别提到"建设在线信用信息服务平台，实现信用数据的动态采集、处理、交换"。

《意见》还提出了推进在线支付体系的建设，并明确指出，"积极研究第三方支付服务的相关法规，引导商业银行、中国银联等机构建设安全、快捷、方便的在线支付平台，大力推广使用银行卡、网上银行等在线支付工具"。在渡过了银行卡和网上银行发展的普及期之后，就需要对在线支付的业务进行规范和出台相关的技术标准了。

《意见》提出了"提高中小企业对电子商务重要性的认识，扶持服务中小企业的第三方电子商务服务平台建设"、"发展面向消费者的新型电子商务模式，创新服务内容，建立并完善企业、消费者在线交易的信用机制，扩大企业与消费者、消费者与消费者之间电子商务的应用规模"，这些内容对于网络交易平台的发展都是利好因素。

《意见》最后指出："发展电子商务是党中央、国务院作出的完善社会主义市场经济体制、加速国民经济和社会信息化进程、提高国民经济运行质量和效率的战略决策。"这从国家发展的战略高度，明确了我国发展电子商务的意义。

《意见》比较务实，既有宏观战略规划，又明确了我国电子商务仍处于起步阶段，还存在着不少问题，环境急需完善，同时有针对性地提出了解决问题的原则和办法。

《意见》出台后还需要陆续出台相对应的具体政策措施，为推进我国电子商务的健康发展铺平道路。《意见》的出台，从根本上认可了电子商务的价值，认同了发展电子商务的意义，电子商务发展所依赖的支撑环境会有所改善。同时，《意见》的出台也产生了很多商机，企业如果抓住这些机会，就可以加速发展。

6.6　思考与练习

1. 什么是电子商务？
2. 电子商务的要素有哪些？
3. 电子商务如何分类？
4. 试访问本章所提到过的电子商务实例网站，了解其运作原理和流程。
5. 你有过网上购物的体验吗？如果没有的话，请实践一次。

第 7 章

利用网络进行信息处理*

互联网是一个知识的宝库。在这个信息的海洋中，存在着大量有用、有价值的信息。另一方面，这个信息的海洋实在是太大了，要找到目标信息，如果没有科学的方法和熟练的技巧，无异于大海捞针。

本章我们将以实例来说明，如何在互联网上采集信息、整理信息和分析信息，得出有价值的结论。读者学习完本章后，就能够掌握在网上进行信息采集、整理和分析的基本方法，并能够进行实际应用。

7.1 步骤要点

要实现上述目的，我们分以下几个步骤来进行：

（1）确定目标；

（2）确定信息数据源；

（3）用合适的方法采集数据；

（4）对数据进行整理，得到可分析的数据；

（5）对数据进行分析，得出有价值的结论。

下面，我们以实际的例子来对这些步骤加以说明。

假定我们想在证券市场中进行证券投资，并希望得到较好的投资回报。假定我们在证券投资方面的知识有限，无法对上市公司基本面进行深入的分析，也不太了解技术分析方法和技巧。我们考虑采用的是"借脑"的办法来找到适合投资的股票。

具体来说，我们知道目前国内有数百家封闭式证券投资基金和开放式证券投资基金，根据中国证券监督管理委员会（简称证监会）的要求，每年要公布年报，半年要

---

* 本章操作性内容较多，并且涉及其他相关软件的操作。因篇幅所限，此处只概述主要过程。详细步骤请参阅教学辅助网站：http://ruc.com.cn。

公布中报，每季度要公布一次投资组合，每周要公布基金净值公告。其中，在每季度公布的投资组合中，需要公布对各行业股票投资的金额和比例，并公布持仓前 10 名的股票名单、持仓金额和所占基金净值的比例。在中报和年报中，要公布所有持仓股票的信息。如果我们能够采集全部或大部分基金的相关数据，进行整理和分析，就可以清楚地了解各家证券投资基金目前持有哪些股票和这些股票的成本区间，再结合其走势和简单的基本面分析，也许就可以找到合适的股票投资对象了。

下面，分别通过详细的操作来说明上述内容。

7.2 确定目标

我们的目标是：通过了解证券投资基金重点投资的股票，寻找潜在的投资对象。

7.3 确定数据源

由于每个季度的首月证券投资基金需要公布上一季度的投资组合，因此，我们可以在相关的证券投资信息网站上找到有关数据。这类网站主要有：

- 《中国证券报》（http://www.cs.com.cn）
- 全景网（http://www.p5w.net）
- 中国证券网（http://www.cnstock.com）
- 巨潮资讯网（http://www.cninfo.com.cn）
- 和讯网（http://www.homeway.com.cn）
- 中国财经信息网（http://www.cfi.net.cn）

作为例子，我们以深圳证券交易所下属深圳证券信息有限公司主办的巨潮资讯网（http://www.cninfo.com.cn）的基金频道为数据源，如图 7—1 所示。

图 7—1　巨潮资讯网站首页

点击页面上的链接进入“基金”频道，选择“基金查询”，进入基金列表页面，如图 7—2 所示。

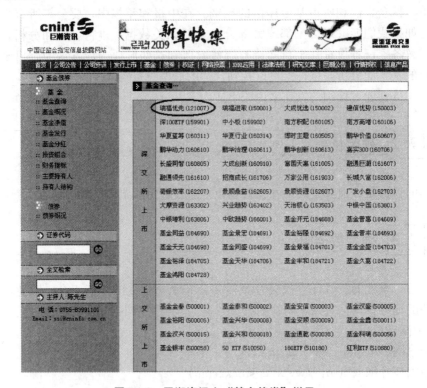

图 7—2　巨潮资讯之“基金债券”栏目

如图 7—2 所示，点击任意基金名称（例如，“瑞福优先（121007）”），进入该基金资料页。再点击其左侧“投资组合”，进入网址：

http://www.cninfo.com.cn/jjzx/tzzh121007.html

在该页中，可以查阅该基金的投资概况、主要股票投资品种、主要债券投资品种、投资的行业分类情况等，如图 7—3～图 7—6 所示。

截止日期	20080930	20080630	20080331
基金资产总值	3453696022.36	4059580310.83	4950814164.14
基金资产净值	3418747168.52	4052016105.03	4939560667.73
股票金额	2328651753.16	3261181135.85	4242332437.37
债券金额	480850000	13776487.53	3093653.99
国债金额			0
金融债券金额			0
企业债金额		13776487.53	3093653.99
可转债金额			0
其他债券金额	480850000		0
银行存款与清算备付金金额	638940594.2	308530328.44	657036943.72
其他资产金额	5253675	476092359.01	48351129.06

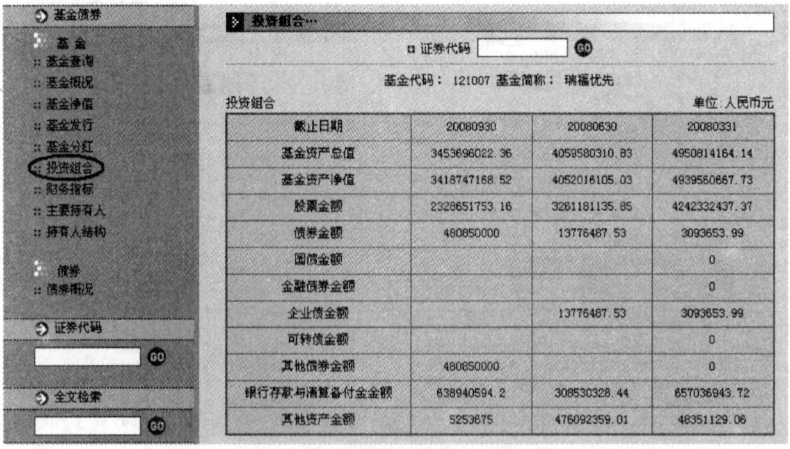

图 7—3　基金投资组合：概况

股票投资 (截至日期:20080930)　　　　　　　　　　　　　　　　　单位:人民币元

股票名称	市值	占基金净值百分比%
招商银行	176372076.92	5.18
泸州老窖	101113298.00	2.96
金融街	99307246.20	2.90
特变电工	83535810.48	2.44
中国神华	76692000.00	2.24
文山电力	75396380.01	2.21
苏宁电器	72888634.80	2.13
燕京啤酒	66490590.25	1.94
中兴通讯	65022329.78	1.90
大秦铁路	64500000.00	1.89

图 7—4　基金投资组合:股票投资前 10 名

债券投资 (截至日期:20080930)　　　　　　　　　　　　　　　　　单位:人民币元

债券名称	市值	占基金净值百分比%
08央票101	192320000.00	5.63
08央行票据98	192320000.00	5.63
08央行票据16	96210000.00	2.81

图 7—5　基金投资组合:债券投资

行业分类 (截至日期:20080930)　　　　　　　　　　　　　　　　　单位:人民币元

行业名称	市值	占基金净值百分比%
制造业	837966976.57	24.51
金融、保险业	421097408.15	12.32
食品、饮料	265997825.87	7.78
机械、设备、仪表	253577628.05	7.42
采掘业	220253581.57	6.44
房地产业	156770612.79	4.59
交通运输、仓储业	149473023.80	4.37
批发和零售贸易	143605793.16	4.20
电力、煤气及水的生产和供应业	129356335.79	3.78
医药、生物制品	115247380.73	3.37
建筑业	113020071.45	3.31
金属、非金属	109213490.35	3.19
信息技术业	99414679.72	2.91
石油、化学、塑胶、塑料	84471003.26	2.47
社会服务业	53301240.16	1.56
电子	8507994.65	0.25
综合类	3595230.00	0.11
其他制造业	951653.66	0.03
传播与文化产业	796800.00	0.02

图 7—6　基金投资组合:投资的行业分类

这正是我们所需要的信息数据源。

7.4 采集数据

在找到所需要的数据源后，可以选择合适的方法，将网络上的数据采集下来，以便后期的整理和分析时使用。

如果数据较少，可以直接在浏览器上打开进行处理。

而如果手工一页一页地点击、保存，由于数据量庞大，将导致工作量非常巨大。因此，我们首先应考虑用超级旋风、网际快车、Offline Explorer 等下载软件或离线浏览软件来将上述基金投资组合清单页面保存起来，以备处理。

我们首先对基金债券首页（基金清单页）的 HTML 源代码进行分析（关于 HTML 语言参见第 12 章的内容），从中提取出基金名称与基金代码的总表，如表 7—1所示。[1]

表 7—1　　　　　　　　样例数据：基金代码与基金名称对照表

代码	基金名称	代码	基金名称	代码	基金名称	代码	基金名称	代码	基金名称
121007	瑞福优先	040010	华安收益 B	162201	荷银成长	270004	广发货币	510080	长盛债券
150001	瑞福进取	040011	华安核心	162202	荷银周期	270005	广发聚丰	510081	长盛精选
150002	大成优选	050001	博时增长	162203	荷银稳定	270006	广发优选	519001	银华优选
150003	建信优势	050002	博时裕富	162204	荷银精选	270007	广发大盘	519003	海富收益
159901	深 100ETF	050003	博时现金	162205	荷银预算	270008	广发核心	519005	海富股票
159902	华夏中小板	050004	博时精选	162206	荷银货币	270009	广发强债	519007	海富回报
160105	南方积配	050006	博时稳定 B	162208	荷银首选	270010	广发 300	519008	添富优势
160106	南方高增	050007	博时平衡	162209	荷银市值	288001	中信经典	519011	海富精选
160311	华夏蓝筹	050008	博时产业	162210	荷银集利 A	288002	中信红利	519013	海富优势
160314	华夏行业	050009	博时新兴	162211	荷银品质	288101	中信货币	519015	海精选贰号
160505	博时主题	050010	博时特许	162299	荷银集利 C	288102	中信双利	519017	大成成长
160607	鹏华价值	050106	博时稳定	163303	大摩货币	290001	泰信天天	519018	添富均衡
160610	鹏华动力	050201	博价值贰	163802	中银货币	290002	泰信先行	519019	大成景阳
160611	鹏华治理	070001	嘉实成长	163803	中银增长	290003	泰信双息	519021	国泰价值
160613	鹏华创新	070002	嘉实增长	163804	中银收益	290004	泰信优质	519023	海富债券
160706	嘉实 300	070003	嘉实稳健	163805	中银策略	290005	泰信优势	519029	华夏稳增
160805	长盛同智	070005	嘉实债券	163807	中银优选	310308	盛利精选	519035	富国天博
160910	大成创新	070006	嘉实服务	166002	中欧蓝筹	310318	盛利配置	519039	长盛同德
161005	富国天惠	070007	嘉实保本	180001	银华优势	310328	新动力	519066	添富蓝筹
161607	融通巨潮	070008	嘉实货币	180002	银华保本	310338	收益宝	519068	添富焦点
161610	融通领先	070009	嘉实短债	180003	银华 88	310358	新经济	519069	添富价值
161706	招商成长	070010	嘉实主题	180008	银华货币 A	310368	申巴优势	519078	添富增收
161903	万家公用	070011	嘉实策略	180009	银华货币 B	310378	申万添益…	519087	世纪分红

---

① 表 7—1 中的数据截至 2009 年 2 月 25 日。

续前表

代码	基金名称	代码	基金名称	代码	基金名称	代码	基金名称	代码	基金名称
162006	长城久富	070013	嘉实精选	180010	银华优质	310379	申万添益宝B	519089	世纪成长
162207	荷银效率	070015	嘉实多元A	180012	银华富裕	320001	诺安平衡	519100	长盛100
162605	景顺鼎益	070016	嘉实多元B	180013	银华领先	320002	诺安货币	519110	浦银价值
162607	景顺资源	070017	嘉实量化	180015	银华收益	320003	诺安股票	519111	浦银收益
162703	广发小盘	070099	嘉实优质	200001	长城久恒	320004	诺安优化	519180	万家180
163302	大摩资源	080001	长盛价值	200002	长城久泰	320005	诺安价值	519181	万家和谐
163402	兴业趋势	080002	长盛先锋	200003	长城货币	320006	诺安灵活	519183	万家引擎
163503	天治核心	080003	长盛配置	200006	长城消费	320007	诺安成长	519300	大成300
163801	中银中国	080011	长盛货币	200007	长城回报	340001	兴业转基	519505	海富通货币A
163806	中银增利	090001	大成价值	200008	长城品牌	340005	兴业货币	519506	海富通货币B
166001	中欧趋势	090002	大成债券	200009	长城稳健	340006	兴业全球	519508	万家货币
184688	基金开元	090003	大成蓝筹	200010	长城动力	340007	兴业社会	519517	添富货币B
184689	基金普惠	090004	大成精选	202001	南方稳健	340008	兴业有机	519518	添富货币A
184690	基金同益	090005	大成货A	202002	南稳贰号	350001	天治财富	519519	友邦增利A
184691	基金景宏	090006	大成2020	202003	南方绩优	350002	天治品质	519588	交银货币A
184692	基金裕隆	090007	大成策略	202005	南方成份	350004	天治货币	519589	交银货币B
184693	基金普丰	090008	大成强债A	202007	南方隆元	350005	天治创新	519666	银信添利B
184698	基金天元	091005	大成货B	202009	南方盛元	350006	天治双盈	519667	银信添利A
184699	基金同盛	091008	大成强债B	202011	南方价值	360001	量化核心	519668	银河成长
184701	基金景福	092002	大成债C	202101	南方宝元	360003	光大货币	519680	交银增利A
184703	基金金盛	100016	富国天源	202102	南方多利	360005	光大红利	519681	交银增利B
184705	基金裕泽	100018	富国天利	202201	南方避险	360006	光大增长	519682	交银增利C
184706	基金天华	100020	富国天益	202202	南方避险	360007	光大优势	519688	交银精选
184721	基金丰和	100022	富国天瑞	202211	南方恒元	360008	光大增利A	519690	交银稳健
184722	基金久嘉	100025	富国天时	202301	南方现金	360009	光大增利C	519692	交银成长
184728	基金鸿阳	100026	富国天合	206001	鹏华成长	360010	光大精选	519694	交银蓝筹
500001	基金金泰	100028	富国天时B	210001	金鹰优选	370010	上投货币	519697	交银保本
500002	基金泰和	100029	富国天成	210002	金鹰红利	370011	上投货币B	519698	交银先锋
500003	基金安信	100032	富国天鼎	213001	宝盈鸿利	373010	上投双息	519989	长信利丰
500005	基金汉盛	110001	易基平稳	213002	宝盈区域	373020	上投双核	519991	长信双利
500006	基金裕阳	110002	易基策略	213003	宝盈策略	375010	上投优势	519993	长信增利
500008	基金兴华	110003	易基50	213006	宝盈核心	377010	上投阿尔法	519995	长信金利
500009	基金安顺	110005	易基积极	213007	宝盈收益	377020	上投内需	519997	长信银利
500011	基金金鑫	110006	易基货币A	213008	宝盈资源	378010	上投先锋	519999	长信利息
500015	基金汉兴	110007	易稳健收益A	213917	宝盈增C	379010	上投中小盘	530001	建信价值
500018	基金兴和	110008	易稳健收益B	217001	招商股票	395001	中海收益	530002	建信货币
500038	基金通乾	110009	易基价值	217002	招商平衡	398001	中海成长	530003	建信成长
500056	基金科瑞	110010	易基成长	217003	招商债券	398011	中海分红	530005	建信优化
500058	基金银丰	110011	易中小盘	217004	招商现金	398021	中海能源	530006	建信精选
510050	华夏上证50	110012	易方达科汇	217005	招商先锋	398031	中海蓝筹	530008	建信增利
510180	华安上证180	110013	易方达科翔	217008	招商安本	400001	东方龙	540001	汇丰2016
510880	友邦红利ETF	110015	易行业领先	217009	招商价值	400003	东方精选	540002	汇丰龙腾

续前表

代码	基金名称	代码	基金名称	代码	基金名称	代码	基金名称	代码	基金名称
000001	华夏成长	110016	易基货币B	217010	招商蓝筹	400005	东方货币	540003	汇丰策略
000011	华夏大盘	110017	易增强回报A	217011	招商安心	400007	东方策略	540004	汇丰2016
000021	华夏优势	110018	易增强回报B	217203	招商债B	400009	东方稳健	540005	汇丰2026
000031	华夏复兴	110029	易基科讯	233001	大摩基础	410001	华富优选	550001	信诚四季
001001	华夏债券A	112002	易策二号	240001	宝康消费	410002	华富货币	550002	信诚精萃
001002	华夏债券B	121001	国投融华	240002	宝康配置	410003	华富成长	550003	信诚蓝筹
001003	华夏债券C	121002	国投景气	240003	宝康债券	410004	华富增强A	550004	信诚三得益A
001011	华夏希望	121003	国投核心	240004	华宝动力	410005	华富增强B	550005	信诚三得益B
001013	华夏希望C	121005	国投创新	240005	华宝策略	410006	华富策略	550006	信诚优债A
002001	华夏回报	121006	国投稳健	240006	华宝货币	420001	天弘精选	550007	信诚优债B
002011	华夏红利	121008	国投成长	240007	华宝现金宝B	420002	天弘债A	560001	益民货币
002021	华回报二	121009	国投稳定	240008	华宝收益	420003	天弘成长	560002	益民红利
002031	华夏策略	121011	国投货币A	240009	华宝先进	420102	天弘债B	560003	益民创新
003003	华夏现金	128011	国投货币B	240010	华宝精选	450001	国富收益	560005	益民多利
020001	国泰金鹰	150005	银富货币A	240011	华宝大盘	450002	国富弹性	570001	诺德价值
020002	国泰债券	150015	银富货币B	240012	华宝强债A	450003	国富潜力	571002	诺德灵活
020003	国泰精选	150103	银河银泰	240013	华宝强债B	450004	国富价值	573003	诺德强债
020005	国泰金马	151001	银河稳健	253010	德盛安心	450005	国富债A	580001	东吴嘉禾
020006	国泰金象	151002	银河收益	253020	德盛增利A	450006	国富债C	580002	东吴动力
020007	国泰货币	160602	普天债券A	253021	德盛增利B	450007	国富成长	580003	东吴轮动
020008	国泰金鹿	160603	普天收益	255010	德盛稳健	460001	友邦盛世	582001	东吴优信
020009	国泰金鹏	160605	鹏华中国50	257010	德盛小盘	460002	友邦成长	590001	中邮伏选
020010	国泰金牛	160606	鹏华货币A	257020	德盛精选	460003	友邦增利B	590002	中邮成长
020011	国泰300	160608	普天债券B	257030	德盛优势	460005	友邦价值	610001	信达领先
020012	国泰债券C	160609	鹏华货币B	257040	德盛红利	481001	工银价值	610002	澳银精华
020019	国泰双利A	160612	鹏华丰收	260101	景顺股票	481004	工银成长	620001	宝石动力
020020	国泰双利C	161601	新蓝筹	260102	景顺货币	481006	工银红利	620002	金元成长动力
040001	华安创新	161603	融通债券	260103	景顺平衡	481008	工银蓝筹	620003	金元丰利
040002	华安A股	161604	融通深证100	260104	景顺增长	481009	工银沪深300	630001	华商领先
040003	华安富利	161605	融通蓝筹	260108	景顺成长	482002	工银货币	630002	华商盛世
040004	华安宝利	161606	融通行业	260109	景内需贰	483003	工银平衡	630003	华商强债A
040005	华安宏利	161608	融通易支付	260110	景顺蓝筹	485005	工银强债B	630103	华商强债B
040007	华安成长	161609	融通动力	260111	景顺治理	485007	工银添利B	660001	农银成长
040008	华安优选	161902	万家债券	270001	广发聚富	485105	工银强债A	660002	农银增利
040009	华安收益A	162102	金鹰中小盘	270002	广发稳健	485107	工银添利A	690001	民生蓝筹

前述例子中，"瑞福优先（121007）"的"投资组合"页面的网址为：

   http://www.cninfo.com.cn/jjzx/tzzh121007.html

再详细查阅和分析其他基金的投资组合页面，得知每种基金的投资组合页面的网址均为以下格式：

   http://www.cninfo.com.cn/jjzx/tzzh基金代码.html

因此，我们为每一个基金设置一条链接，命令如下：

```
<a href=" http://www.cninfo.com.cn/jjzx/tzzh510050.html" >50ETF</a><br>
<a href=" http://www.cninfo.com.cn/jjzx/tzzh510180.html" >180ETF</a><br>
<a href=" http://www.cninfo.com.cn/jjzx/tzzh510880.html" >红利ETF</a><br>
<a href=" http://www.cninfo.com.cn/jjzx/tzzh000001.html" >华夏成长</a><br>
<a href=" http://www.cninfo.com.cn/jjzx/tzzh000011.html" >华夏大盘</a><br>
<a href=" http://www.cninfo.com.cn/jjzx/tzzh000021.html" >华夏优势</a><br>
<a href=" http://www.cninfo.com.cn/jjzx/tzzh000031.html" >华夏复兴</a><br>
<a href=" http://www.cninfo.com.cn/jjzx/tzzh001001.html" >华夏债券A</a><br>
……
```

将上述命令保存为一个 HTML 文件，例如 GetData01.htm。在浏览器中打开该文件，点击鼠标右键，并选择"使用超级旋风下载全部链接"，如图 7—7 所示。（注意，此前需要先安装超级旋风或其他下载软件，参见第 4 章的相关内容。）

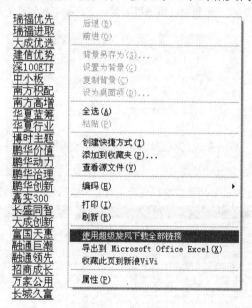

图 7—7　点击鼠标右键准备下载全部投资组合信息

此时将出现超级旋风的选择下载 URL 对话框，全选其中要下载的基金投资组合公告项。如图 7—8 所示。

接着出现添加新的下载任务对话框，将下载后的数据保存目录设置为自定义的目录，如"D：\教材\Internet\HTML"。如图 7—9 所示。

由于我们是一次下载多个文件，因此，会出现询问是否对其他文件使用同样设置的对话框，选择"是"，超级旋风开始下载所选页面并保存到指定的目录中。结果将得到 500 个[1]基金投资组合公告文件，从资源管理器中可以看到所有的文件，如图 7—10 所示。

---

[1]　截至 2009 年 2 月 25 日的数据。

图 7—8　用超级旋风进行下载：全选要下载的基金项

图 7—9　用超级旋风进行下载：设置目标数据位置

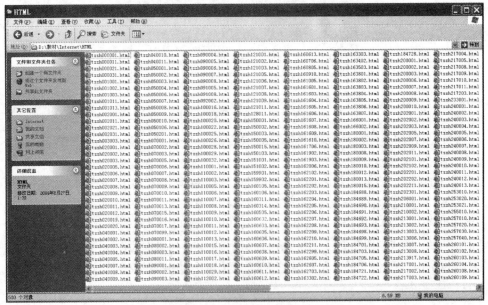

图 7—10　所有下载的文件

可以看到这些文件名都为 .html，即是 html 文件（见图 7—11）。其他常见的 html 文件扩展名还有 .htm。另外，有些动态网页程序是用 ASP、JSP 或其他编程语言编制的，下载后的网页文件的扩展名可能会是 .asp、.jsp 或其他，但如果我们在 IE 等浏览器中打开它们，将会发现它们其实是由 JSP 程序生成的网页文件，其源代码符合 HTML 语言格式。

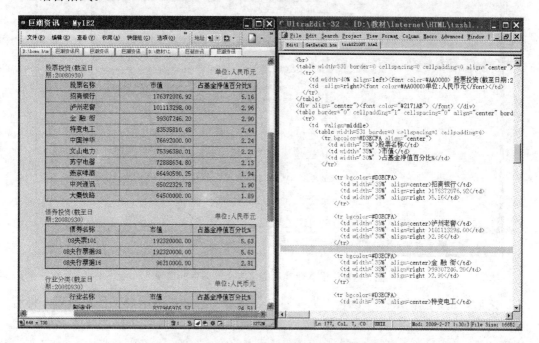

图 7—11　采集的页面文件及其源代码

至此，我们的数据采集任务结束。下一步将进入数据整理和分析阶段。

7.5　整理数据

由于采集到的数据是 HTML 文件，不便于数据的整理和分析，因此，我们首先将这些 HTML 文件转换为文本格式的文件。

我们当然可以通过 Internet Explorer 等浏览器显示每一个文件，并将其中的内容保存为文本格式（直接通过"文件"菜单中的"另存为"命令保存，或将页面内容复制到文本编辑器中后再保存为文本格式），但如果文件数较多（数十、数百，甚至成千上万页），则从效率和准确性上来看，此方法并不适用。我们考虑采用适当软件，进行批量转换的方式来处理。

在网络上可以找到不少用于文件格式转换的软件，例如其中的一款名为 HTMASC 的软件即可适用。将该款软件安装后，启动它，如图 7—12 所示。

首先配置转换后文本文件的保存目录，从 Options 菜单中选择"More"命令，将其中的 Output Directory 项设定为目标文件的输出目录，如图 7—12 所示。

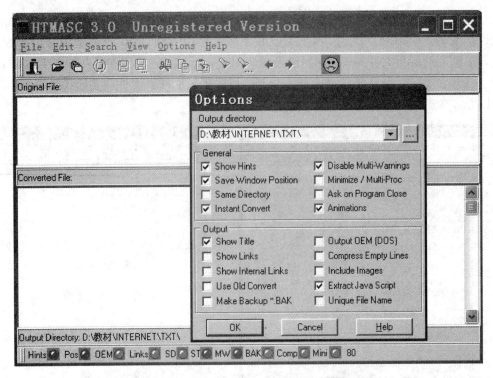

图 7—12 设置转换后的文本文件保存的目录

之后，从工具栏中选择该软件的批量转换功能，选择正确的源文件目录后，将所有 500 个基金投资组合公告文件都确定为要转换的源文件，然后点击"GO"按钮开始进行转换。如图 7—13 所示。

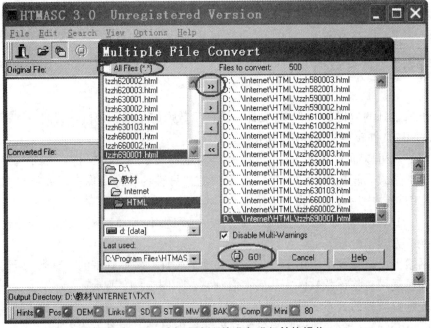

图 7—13 选择所有文件准备进行转换操作

转换的过程页面如图 7—14 所示。我们可以看到转换过程是非常迅速的，只要十几秒钟时间就可以完成 500 个文件的转换。

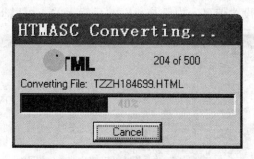

图 7—14　文件转换进行时的画面

转换完成后，HTMASC 软件中会以上下栏对照形式，显示源文件的 HTML 代码形式和转换后的纯文本形式。如图 7—15 所示。

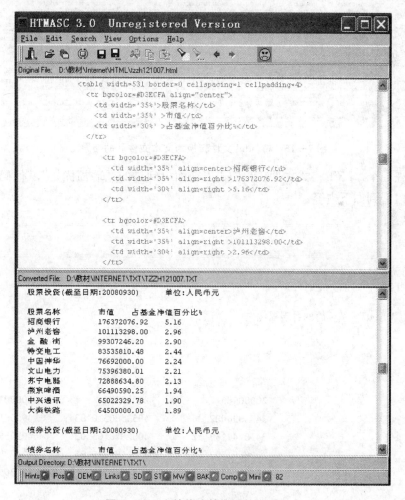

图 7—15　文件格式转换后的结果显示

在 Windows 的资源管理器中打开转换后文件保存的目录察看，可以看到实际生成了 500 个 .TXT 格式文件和 500 个 .js 格式文件。如图 7—16 所示。其中的 .js 文件是原 HTML 文件的一些设置信息。由于与我们的目标无关，可以将这些 .js 文件删除。

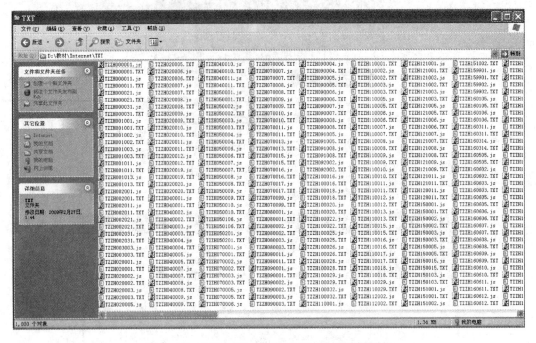

图 7—16　将 html 文件转换为文本文件后的结果

打开任一个 .TXT 格式文件，我们仍以前面提到过的"瑞福优先"（代码 121007）为例，可以看到如下内容。

```
==================================================================
巨潮资讯
==================================================================

    投资组合…

基金代码：121007    基金简称：瑞福优先

投资组合

单位：人民币元
```

截止日期	20080930	20080630	20080331
基金资产总值	3453696022.36	4059580310.83	4950814164.14
基金资产净值	3418747168.52	4052016105.03	4939560667.73
股票金额	2328651753.16	3261181135.85	4242332437.37
债券金额	480850000	13776487.53	3093653.99
国债金额			0
金融债券金额			0
企业债金额		13776487.53	3093653.99

可转债金额		0
其他债券金额	480850000	0
银行存款与清算备付金金额	638940594.2	308530328.44　657036943.72
其他资产金额	5253675	476092359.01　48351129.06

股票投资（截至日期：20080930）　单位：人民币元

股票名称	市值	占基金净值百分比%
招商银行	176372076.92	5.16
泸州老窖	101113298.00	2.96
金融街	99307246.20	2.90
特变电工	83535810.48	2.44
中国神华	76692000.00	2.24
文山电力	75396380.01	2.21
苏宁电器	72888634.80	2.13
燕京啤酒	66490590.25	1.94
中兴通讯	65022329.78	1.90
大秦铁路	64500000.00	1.89

债券投资（截至日期：20080930）　单位：人民币元

债券名称	市值	占基金净值百分比%
08 央票 101	192320000.00	5.63
08 央行票据 98	192320000.00	5.63
08 央行票据 16	96210000.00	2.81

行业分类（截至日期：20080930）　单位：人民币元

行业名称	市值	占基金净值百分比%
制造业	837966976.57	24.51
金融、保险业	421097408.15	12.32
食品、饮料	265997825.87	7.78
机械、设备、仪表	253577628.05	7.42
采掘业	220253581.57	6.44
房地产业	156770612.79	4.59
交通运输、仓储业	149473023.80	4.37
批发和零售贸易	143605793.16	4.20
电力、煤气及水的生产和供应业	129356335.79	3.78
医药、生物制品	115247380.73	3.37
建筑业	113020071.45	3.31
金属、非金属	109213490.35	3.19
信息技术业	99414679.72	2.91
石油、化学、塑胶、塑料	84471003.26	2.47
社会服务业	53301240.16	1.56
电子	8507994.65	0.25
综合类	3595230.00	0.11
其他制造业	951653.66	0.03
传播与文化产业	796800.00	0.02

在本例中，我们只对其中黑体部分（股票投资）感兴趣，即我们只需要每只基金投资的前 10 名股票（部分基金公布的是前 5 名）的信息。

如果我们以手工的方式一页一页地摘录，其效率将会是很低的。我们可以通过将所有基金的全部数据先全部集中到一个文件中，再将其中的无关信息删除，保存有关信息，来实现我们的目的。

在文本文件所在目录下用记事本或其他文本编辑器建立一个扩展名为 .bat 的批处理文件（例如取名为 CopyAll.bat），其内容如下：

```
copy T*.txt alldata.txt
```

系统将会自动地将所有以 T 开头的 .TXT 文件全部复制到文件 alldata.txt 中。

在这个汇总文件中，还需要删除掉大量的多余文字。我们可以通过 Word 等文档编辑器来处理，但比较高效的办法还是找一个专门的文本格式编辑器较好。在此我们推荐使用 UltraEdit 软件（简称 UE），该软件可以从网络上下载使用。

安装 UE 并启动后，打开我们刚生成的集中数据文件 alldata.txt，如图 7—17 所示。

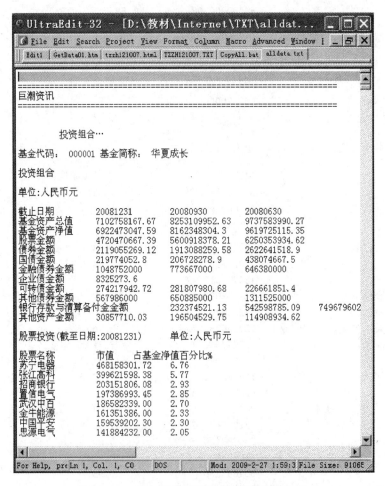

图 7—17　用 UE 打开汇总后的数据信息文件

利用 UE 编辑软件或 Excel 电子表格软件来进行一系列处理，只保留所需要的数据，删除无关数据，将相关数据保存到 Excel 电子表格中，并进行进一步的格式整理，如图 7—18 所示。

	A	B	C	D	E
1	序号	基金代码	基金简称	股票名称	市值
2	30	000001	华夏成长	苏宁电器	468158301.7
3	31	000001	华夏成长	张江高科	399621598.4
4	32	000001	华夏成长	招商银行	203151806.1
5	33	000001	华夏成长	置信电气	197386993.5
6	34	000001	华夏成长	武汉中百	186582339
7	35	000001	华夏成长	金牛能源	161351386
8	36	000001	华夏成长	中国平安	159539202.3
9	37	000001	华夏成长	思源电气	141884232
10	38	000001	华夏成长	中铁二局	135486498.4
11	39	000001	华夏成长	特变电工	134095202.8
12	114	000011	华夏大盘	金牛能源	144200350
13	115	000011	华夏大盘	恒生电子	137155870.8
14	116	000011	华夏大盘	吉林敖东	108404597.9
15	117	000011	华夏大盘	辽宁成大	103420435.2
16	118	000011	华夏大盘	中材国际	99349472
17	119	000011	华夏大盘	云南城投	62353756.58
18	120	000011	华夏大盘	峨眉山A	60413541.23
19	121	000011	华夏大盘	广电网络	59600000
20	122	000011	华夏大盘	乐凯胶片	55929606.04
21	123	000011	华夏大盘	湖北宜化	46380000

图 7—18　将汇总的文本格式数据转入 Excel 整理后的数据

此时，我们就可以对这些数据进行各种分析了。

7.6　分析数据

对按上述方法整理好的数据，通过用 Excel 软件进行简单的分析，我们就可以得出不少有价值的结论。

例如，我们先按基金所持有的"股票名称"进行排序，然后再按"股票名称"进行分类汇总，可以得知每个股票共被基金买了多少，再按金额大小倒序排序，即可以了解到基金所持有金额最多的股票清单。前 20 名及其被基金持仓的金额数据如图 7—19 所示。

按同样的方法分析，可以了解到一只股票被多少家基金持有，显然，被越多的基金重仓持有的股票，其价值就可能越高。处理后，前 20 名的清单亦如图 7—19 所示。

同样，我们还可以了解到被基金持有最集中的股票；通过与上一季度的数据相比，可以了解到在最近的一个季度中，哪些股票被基金重点增仓了，哪些被大量减仓了。

再参考其他相关的资料和证券投资技术分析手段，就可以找出一部分可以关注的有投资潜力的证券品种了。

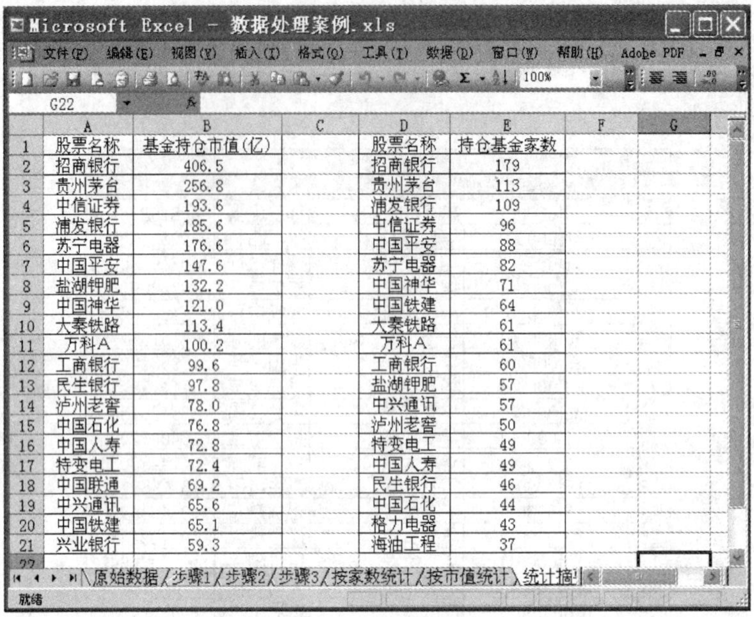

	A	B	C	D	E
1	股票名称	基金持仓市值(亿)		股票名称	持仓基金家数
2	招商银行	406.5		招商银行	179
3	贵州茅台	256.8		贵州茅台	113
4	中信证券	193.6		浦发银行	109
5	浦发银行	185.6		中信证券	96
6	苏宁电器	176.6		中国平安	88
7	中国平安	147.6		苏宁电器	82
8	盐湖钾肥	132.2		中国神华	71
9	中国神华	121.0		中国铁建	64
10	大秦铁路	113.4		大秦铁路	61
11	万科A	100.2		万科A	61
12	工商银行	99.6		工商银行	60
13	民生银行	97.8		盐湖钾肥	57
14	泸州老窖	78.0		中兴通讯	57
15	中国石化	76.8		泸州老窖	50
16	中国人寿	72.8		特变电工	49
17	特变电工	72.4		中国人寿	49
18	中国联通	69.2		民生银行	46
19	中兴通讯	65.6		中国石化	44
20	中国铁建	65.1		格力电器	43
21	兴业银行	59.3		海油工程	37

图 7—19　基金持仓金额和被持仓基金家数股票统计

除了对基金持有的具体股票进行分析外，还可以对基金投资的行业进行分析，结合历史数据的变迁，就可以了解到哪些行业正在成为基金重点投资的行业，以帮助我们对投资结构进行调整。

上述数据采集、整理和分析的方法，同样适用于其他类型的数据，掌握其基本原理，触类旁通，相信你很快就能在互联网这个大海中自如地淘金了。

7.7 思考与练习

1. 网上信息采集、整理和分析的步骤有哪些？

2. 自选题材和内容，进行网上信息的采集、整理和分析操作，并简单说明处理的过程。

第 8 章

网络信息安全

网络技术的发展加速了信息的传输和处理，同时也对信息安全提出了新的挑战。近年来，随着 Internet 的快速发展，与信息安全相关的一些问题也越来越突出，计算机病毒、木马、黑客、信息安全等术语为越来越多的人所了解。另外，随着电子商务的普及，网络信用问题也受到越来越多的人重视。国家间的信息战也已经不再是神话。信息安全已扩展到了信息的可靠性、可用性、可控性、完整性及不可抵赖性等更新更深层次的领域。

8.1 什么是信息安全

国际标准化组织将信息安全定义为："针对数据处理系统建立和采取的技术和管理方面的安全保护，保护计算机硬件、软件和数据不因偶然和恶意的原因而遭到破坏、更改和泄露。"此外，对于动态的信息系统而言，信息安全还应能够保证系统连续正常地运行，即信息安全一般包括实体安全、运行安全、信息安全和管理安全四个方面的内容，也就是说信息安全包括信息系统的安全和信息安全，并以信息安全为最终目标。

信息安全包括物理安全和逻辑安全两方面。物理安全是指信息系统的设备及相关设施在物理方面受到保护，不被破坏和丢失。而逻辑安全则包括了信息的完整性、保密性和可用性三方面。其中保密性是指仅在得到授权的情况下高级别的信息才能够流向低级别的客体与主体；完整性是指信息在没有得到授权的情况下不会被修改，并且信息要保持一致性；可用性是指合法用户的正常请求要能够及时和正确地得到响应和服务。

8.2 常见信息安全隐患

虽然互联网的普及给我们的工作、生活、娱乐带来了很大的便利和乐趣，但随之而来的网络信息安全问题也不可小视。对网络信息安全构成威胁的既包括对网络系统中信息的威胁，也包括对网络中设备的威胁。影响网络信息安全的因素很多，有些是自然的，有些是人为的。总的来说，网络信息安全的隐患主要有四类：

➤ 自然威胁。如火灾、水灾、雷击、地震等。

➤ 软件的脆弱性和后门。各种网络软件在设计时就可能存在缺陷，软件公司为了方便管理，可能给软件设置一些后门。这些缺陷和后门如果被非法利用就会给系统带来危害。

➤ 人为无意失误。如设置的系统或账号密码过于简单，或者将账号及密码随手记录在不安全的地方，在公共场合随意共享账号密码等，都有可能给系统或账户造成威胁。

➤ 人为故意攻击。这是信息和信息系统面临的最大安全威胁。针对信息和信息系统进行的攻击可以分为主动攻击和被动攻击两类。主动攻击采取各种方式破坏信息的完整性、有效性、真实性，如计算机病毒；被动攻击是在不影响网络正常运行的情况下，通过截获、窃听、破译等方式获取系统中的重要机密信息，如计算机木马。这两类攻击都会对信息系统造成很大的危害，并且使机密信息泄露。

下面我们对一些常见的信息安全隐患做一个简单的介绍。

8.2.1 计算机病毒

计算机病毒是指编制或者在计算机程序中插入的破坏计算机功能或者毁坏数据、影响计算机使用并且能够自我复制的一组计算机指令或者程序代码。就像生物病毒一样，计算机病毒具有独特的复制能力。计算机病毒可以很快地蔓延，又常常难以根除。它们能把自身附着在各种类型的文件、电子邮件或者存储设备上。在进行文件复制、收发电子邮件、存储（磁盘、U 盘、光盘等）或者通过网络把文件从一个用户传送到另一个用户时，它们就随之蔓延开来。

1. 计算机病毒的特征

与生物病毒类似，计算机病毒具有以下一些特征：

➤ 传染性：传染性是计算机病毒最重要的特征，是判断一段程序代码是否为计算机病毒的依据。病毒程序一旦侵入计算机系统，就开始搜索可以传染的程序或者存储介质，然后通过自我复制迅速传播。由于目前计算机网络日益发达，计算机病毒可以在极短的时间内，通过局域网或者各种规模的网络（甚至通过 Internet）迅速传播。

➤ 潜伏性：计算机病毒具有依附于其他媒体而寄生的能力，这种媒体我们称之为计算机病毒的宿主。依靠病毒的寄生能力，病毒传染给合法的程序和系统后，并不是立即发作，而是悄悄隐藏起来，然后在用户不察觉的情况下进行传染。这样，病毒的潜伏性越好，它在系统中存在的时间也就越长，病毒传染的范围也越广，其危害性也越大。

➤ 隐蔽性：计算机病毒是一种具有很高编程技巧、短小精悍的可执行程序。它通常隐蔽在正常程序、电子邮件或磁盘的系统扇区中，或者在磁盘上标为坏簇的扇区中，以及一些空闲概率较大的扇区中。病毒想方设法隐藏自身，就是为了防止用户察觉。

➤ 条件触发性：计算机病毒一般都设置了若干触发条件。在满足这些触发条件时进行传染或者进行破坏和攻击。触发的实质是一种条件的控制，病毒程序可以依据设计者的要求，在一定条件下实施攻击。这个条件可以是敲入特定字符，使用特定文件，某个特定日期或特定时刻（如"黑色星期五"病毒的发作日期是遇到既是某月的 13 日又是星期五的日期），或者是病毒内置的计数器达到一定次数等。

➤ 表现性或破坏性：无论何种病毒程序，一旦侵入系统都会对操作系统的运行造成不同程度的影响。即使不直接产生破坏作用的病毒程序也要占用系统资源（内存空间、磁盘存储空间及 CPU 运行时间等）。而绝大多数病毒程序会显示一些文字或图像，影响系统的正常运行。还有一些病毒程序删除文件，加密磁盘中的数据，甚至摧毁整个系统和数据，使之无法恢复，造成不可挽回的损失。因此，病毒程序的副作用轻者会降低系统工作效率，重者会导致系统崩溃、数据丢失。

➤ 非授权可执行性：用户在执行正常的程序时，把系统控制权交给这个程序，并分配给它相应的系统资源，使之能够运行并完成用户的需求。因此程序执行的过程对用户是透明的。而计算机病毒是非法程序，但它具有正常程序的一切特性：可存储性、可执行性。它隐藏在合法的程序或数据文件中，当用户运行正常程序时，病毒伺机窃取到系统的控制权，得以抢先运行，然而此时用户还认为在执行正常程序。

2. 计算机病毒的分类

可以按照以下方式对计算机病毒进行分类：

（1）按寄生方式分为引导型病毒、文件型病毒、电子邮件型病毒及复合型病毒

引导型病毒是指寄生在磁盘引导区或主引导区的计算机病毒。此种病毒利用了系统引导时不对主引导区的内容正确与否进行判别这一弱点，在系统引导的过程中侵入系统，驻留内存，监视系统运行，待机传染和破坏。按照引导型病毒在硬盘上的寄生位置又可细分为主引导记录病毒和分区引导记录病毒。主引导记录病毒感染硬盘的主引导区；分区引导记录病毒感染硬盘的活动分区引导记录。

文件型病毒是指能够寄生在文件中的计算机病毒。这类病毒程序感染可执行文件（.EXE 或 .COM 文件）或数据文件（诸如 .DOC 或 .XLS 文件等）。

电子邮件型病毒是病毒依附在电子邮件中进行传播，收信人不小心打开带有病毒的邮件或邮件附件后，即受感染。

复合型病毒是指具有多种传播方式的计算机病毒。这种病毒扩大了病毒程序的传染途径，它既感染磁盘的引导记录，又感染可执行文件，还可能通过电子邮件进行感染。当用染有此种病毒的磁盘引导系统、调用执行染毒文件或查阅染毒的电子邮件时，病毒都会被激活。因此在检测、清除复合型病毒时，必须全面彻底地根治。如果只发现该病毒的一个特性，把它只当作一种类型的病毒进行清除，虽然好像是清除了，但

还留有隐患，这种经过消毒后的"洁净"系统更具有攻击性。

（2）按破坏性分为良性病毒和恶性病毒

良性病毒是指一类只是为了表现自身，并不彻底破坏系统和数据，但会占用 CPU 时间、增加系统开销、降低系统工作效率的计算机病毒。这种病毒多数是恶作剧者的产物，他们的目的不是为了破坏系统和数据，而是为了让使用染有病毒的计算机用户通过显示器或扬声器看到或听到病毒设计者的编程技术。这类病毒如早期的小球病毒（表现为屏幕上进行直线运动并在屏幕边界反弹）、扬基病毒（每个工作日下午 5 点就播放美国传统乐曲"扬基"并停止计算机的其他工作），等等。还有一些人利用病毒的这些特点宣传自己的政治观点和主张。也有一些病毒设计者在其编制的病毒发作时对用户进行人身攻击。

恶性病毒是指那些一旦发作后就会破坏系统或数据造成计算机系统瘫痪的计算机病毒。这种病毒危害性极大，有些病毒发作后可以给用户造成不可挽回的损失。

要想避免和降低计算机病毒的危害，应针对计算机病毒的传播途径（文件、电子邮件、磁盘、网络）进行防范。在计算机中安装实时防毒软件，并定时查杀计算机系统中的病毒是较好的防范方法。

8.2.2　黑客入侵（未经授权的访问）

随着媒体的宣传，大家对黑客这个词已经不陌生，但要真正彻底地理解这个词却不是一件容易的事。

"黑客"是一个外来词，是英文单词"hacker"的中文音译。最初，"黑客"（hacker）只是一个褒义词，指的是那些尽力挖掘计算机程序最大潜力的电脑精英。这些人为计算机和网络世界而发狂，对任何有趣的问题都会去研究，他们的精神是一般人所不能领悟的。这样的"黑客"（hacker）是一个褒义词。

但英雄谁都愿意做，慢慢地，有些人打着黑客的旗帜，做了许多并不光彩的事。真正的黑客们叫他们"骇客"（英文单词为"creaker"），认为 cracker 很懒，不负责任，不够明智。真正的黑客们以他们为耻，不愿和他们做朋友。

其实，黑客和骇客从行为上看并没有一个十分明显的界限。他们都入侵网络，破解系统。但从他们的出发点上看，却有着本质的不同：黑客是为了建立新的信息安全而努力，为了提高技术水平而入侵，免费与自由是黑客们的理想，他们梦想的网络世界是没有利益冲突，没有金钱交易，完全共享的自由世界；而骇客们是为了满足自己的私欲，进入别人的系统大肆破坏。黑客们拼命地研究，是为了完善网络，使网络更加安全；骇客们也在钻研，他们是为了成为网络世界的统治者。

随着网络应用越来越普及，打着黑客旗号干骇客勾当的人也越来越多。媒体和普通民众不能分辨，因此，现在很多人经常把黑客与骇客混为一谈了。"黑客"这个词也慢慢向贬义靠拢了。

8.2.3　计算机木马

计算机木马的名称来源于古希腊战争中的特洛伊木马的故事。希腊人围攻特洛伊城，很多年不能得手后想出了木马的计策，他们把士兵藏匿于巨大的木马中。在敌人将其作为战利品拖入城内后，木马内的士兵爬出来，与城外的部队里应外合而攻下了特洛伊城。

计算机木马的设计者套用了同样的思路，把木马程序插入正常的软件、邮件等宿主中。在受害者执行这些软件的时候，木马就可以悄悄地进入系统，开放进入计算机的途径。

木马的实质只是一个客户端/服务器程序。客户端/服务器模式的原理是一台主机提供服务（服务器），另一台主机接受服务（客户机）。作为服务器的主机一般会打开一个默认的端口并进行监听（Listen），如果有客户机向服务器的这一端口提出连接请求（Connect Request），服务器上的相应程序就会自动运行，来应答客户机的请求，这个程序称为守护进程。对于木马来说，被控制端相当于一台服务器，控制端则相当于一台客户机，被控制端为控制端提供服务。

多数木马都会把自身复制到系统目录下，并加入启动项，启动项一般都是加在注册表中的。

如果你的机器有时死机，有时又重新启动；在没有执行什么操作的时候，却在拼命读写硬盘；系统莫名其妙地对软驱进行搜索；没有运行大的程序，而系统的速度越来越慢，系统资源占用很多；用任务管理器调出任务表，发现有多个名字相同的程序在运行，而且可能会随时间的增加而增多，这时你就应该查一查你的系统，是不是有木马在你的计算机里安家落户了。

木马从某种意义上来说也是一种病毒，我们常用的病毒防护软件也都可以实现对木马的查杀，这些病毒防护软件查杀其他病毒很有效，对木马的检查也比较成功，但由于一般情况下木马在电脑每次启动时都会自动加载，因此不容易彻底地清除。病毒防护软件在防止木马的入侵上更有效。

现在的网络防火墙软件比较多，一般而言，防火墙启动之后，一旦有可疑的网络连接或者有木马对电脑进行控制，防火墙就会报警，同时显示出对方的 IP 地址、接入端口等提示信息，通过设置之后即可使对方无法进行攻击。

利用防火墙来实现对木马的查杀，只能检测发现木马并预防其攻击，但不能彻底清除它。

对木马不能只采用防范手段，还要将其彻底地清除。专用的木马查杀软件一般都带有这样的特性，这类软件目前比较多，如 360 安全卫士等。

随着网络的普及，木马的传播越来越快，而且新的变种层出不穷，我们在检测清除它的同时，更要注意采取措施来预防它，下面列举几种预防木马的方法。

➤ 不要执行来历不明的软件。很多木马病毒都是通过绑定在其他软件中来实现传播的，一旦运行了这个被绑定的软件，机器就会被感染，因此在下载软件的时候需要特别注意，尽量去软件的官方站或信誉比较高的站点下载。在软件安装之前一定要用反病毒软件检查一下，建议用专门查杀木马的软件来进行检查，确定无毒后再使用。

➤ 不要随意打开邮件附件。现在很多木马病毒都是通过邮件来传递的，而且有的还会连环扩散，因此对邮件附件的运行尤其需要注意。

➢ 将资源管理器配置成始终显示文件的扩展名。如果碰到一些可疑的文件扩展名就应该引起注意。

➢ 尽量少用共享文件夹。如果因工作等原因必须将电脑设置成共享，则最好单独设置一个共享文件夹，把所有需共享的文件都放在这个共享文件夹中，而不要将系统目录设置成共享。

➢ 运行反木马实时监控程序 。木马防范过程中重要的一点就是在上网时最好运行反木马实时监控程序，它们一般都能实时显示当前所有运行程序并有详细的描述信息。此外再通过一些专业的最新杀毒软件、个人防火墙等进行监控就基本可以放心了。

➢ 经常升级系统。很多木马都是通过系统漏洞来进行攻击的，软件公司发现这些漏洞之后都会在第一时间内发布补丁，很多时候对系统安装补丁程序就是一种最好的木马防范办法。

8.2.4 蠕虫病毒

蠕虫是一种通过网络传播的恶性病毒，它具有病毒的一些共性，如传播性、隐蔽性、破坏性，等等，同时具有自己的一些特征，如不利用文件寄生（有的只存在于内存中），拒绝网络服务，以及和黑客技术相结合，等等。

在产生的破坏性上，蠕虫病毒比普通病毒厉害得多，网络的普及使蠕虫可以在很短时间内蔓延整个网络，造成网络瘫痪。

1. 蠕虫的分类

根据使用者的情况将蠕虫病毒分为两种：一种是针对企业用户和局域网，这种病毒利用系统漏洞，主动进行攻击，可以对整个局域网造成瘫痪性的后果；另一种是针对个人用户的、通过 Internet（主要是电子邮件、恶意网页形式）迅速传播的蠕虫病毒。

在这两种蠕虫中，第一种具有很大的主动攻击性，而且爆发也有一定的突然性，但相对来说，查杀这种病毒并不是很难。第二种病毒的传播方式比较复杂和多样，利用了网络软件的漏洞，并对用户进行欺骗，这样的病毒造成的损失是非常大的，同时也是很难根除的（比如求职信病毒，在 2001 年就已经被各大杀毒厂商发现，但直到 2002 年底依然排在病毒危害排行榜的首位）。

蠕虫一般不采取插入文件的方法，而是在互联网环境下通过复制自身进行传播。普通计算机病毒的传染能力主要是针对计算机内的文件系统而言的，而蠕虫病毒的传染目标是互联网内的所有计算机。

局域网条件下的共享文件夹、电子邮件、网络中的恶意网页、存在着大量漏洞的服务器等，都成为蠕虫传播的良好途径。网络的发展也使得蠕虫病毒可以在几个小时内蔓延全球，而且蠕虫的主动攻击性和突然爆发性更使其危害性让人侧目。

2. 蠕虫的工作原理

蠕虫病毒一旦在计算机中建立，就会去收集与当前机器联网的其他机器的信息，它能通过读取公共配置文件并检测当前机器的联网状态信息，尝试利用系统的缺陷在远程机器上建立引导程序，并把蠕虫病毒带入它所能感染的每一台机器中。

蠕虫病毒程序能够常驻于一台或多台机器中，并有自动重新定位的能力。假如它检测到网络中的某台机器没有被占用，它就会把自身的一个拷贝（一个程序段）发送到那台机器。每个程序段都能把自身的拷贝重新定位于另一台机器上，并且能够识别出它自己所占用的那台机器。

在网络环境下，蠕虫病毒可以按指数规模增长并进行传染。蠕虫病毒侵入计算机网络，可以导致计算机网络效率急剧下降、系统资源遭到严重破坏，短时间内造成网络系统的瘫痪。因此，网络环境下蠕虫病毒的防治必将成为计算机防毒领域的研究重点。

3. 蠕虫病毒的新特性

与传统意义上的计算机病毒相比，蠕虫病毒具有一些新的特性：

➤ 传染方式多。蠕虫病毒入侵网络的主要途径是通过工作站传播到服务器硬盘中，再由服务器的共享目录传播到其他的工作站。但蠕虫病毒的传染方式比较复杂。

➤ 传播速度快。在单机上，病毒只能通过存储设备从一台计算机传染到另一台计算机，而在网络中则可以通过网络通信机制，借助网络迅速扩散。蠕虫病毒在网络中传播速度非常快，这使其扩散范围很大，它不但能迅速传染局域网内所有计算机，还能通过远程工作站瞬间传播到千里之外。

➤ 清除难度大。在单机中，再顽固的病毒也可通过杀毒软件来清除；而网络中只要有一个工作站未能杀毒干净，就可使整个网络全部被病毒重新感染，甚至刚刚完成杀毒工作的一个工作站马上就能被网上另一个工作站的带毒程序所传染。因此，仅对工作站进行病毒清除不能彻底解决网络蠕虫病毒的问题，一般需要先断网，再对网络中的所有计算机进行杀毒，然后再联网。

➤ 破坏性强。网络中蠕虫病毒将直接影响网络的工作状态，轻则降低速度，影响工作效率，重则造成网络系统的瘫痪，破坏服务器系统资源，使多年的工作毁于一旦。

8.2.5 传输数据的监听和窃取

网络监听工具是提供给管理员的一类管理工具。使用这种工具，可以监视网络的状态、数据流动情况以及网络上传输的信息。

但是网络监听工具也是黑客们常用的工具。当信息以明文的形式在网络上传输时，便可以使用网络监听的方式来进行攻击。将网络接口设置成监听模式，便可以源源不断地将网上传输的信息截获。

网络监听可以在网上的任何一个位置实施，如局域网中的一台主机、网关或远程网的调制解调器等。黑客们用得最多的是截获用户的口令。

8.2.6 电子欺骗

电子欺骗（Spoofing）是与未经授权访问有关的一种威胁。电子欺骗具有多种形式：仿冒、身份窃取、抢劫、伪装和全球通用名（WWN）欺骗等。

抗击欺骗的方法就是让窃取者提供一些只有被授权的用户才知晓的特殊信息。对于用户来说，需要提供密码；对于设备而言，需要提供全球通用名。

当实体及用户的身份被鉴别后，数据就可以在授权设备之间安全地流动，但在链接中流动的数据仍然会受到数据窃取（Sniffing）的威胁。

8.2.7 恶意网页

在我们浏览网页的时候，有时会遇到这样的情况：某次进入某个网站或点击某个广告后，机器出现异常。下次开机时，会自动跳出许许多多的浏览器窗口，并试图链接某站点；浏览器的标题栏、右键菜单都被改得面目全非。最令人头痛的是，每次开机都是如此。这样的网页就是恶意网页。

恶意网页的目的是强制你访问它的网站，或者强制性地向你弹出广告，或者是使你的机器染上病毒或木马。早期的恶意网页大多是一些不健康的网站和个别别有用心的个人网站，现在很多合法网站被人非法攻击后进行了修改，也成了恶意网页，身兼被害者和害人者双重身份。

被恶意网页攻击后的症状可能包括：

- 经常被强制弹出广告
- 主页被锁定，不能修改
- IE 的标题栏、工具栏等被修改得面目全非
- 机器硬盘里多了一些不健康的照片
- 除了某些网站以外，任何网站也不能访问
- 在鼠标右键菜单中加入某个网站名称等
- 消耗系统资源，使机器变得很慢
- 试图自动链接某网站
- 个人资料泄露

目前的个人防护杀病毒软件一般都已经具备监控和防卫恶意网页的功能。

8.3 信息安全防护

所谓信息安全防护，是指通过采用各种技术和管理措施，使网络系统正常运行，从而确保网络数据的可用性、完整性和保密性。所以，建立信息安全防护措施的目的是确保经过网络传输和交换的数据不会发生增加、修改、丢失和泄露等。

主要的信息安全技术包括：

➤ 数据加密技术：数据加密是计算机安全的重要部分。口令加密是防止文件中的密码被人偷看。文件加密主要应用于因特网上的文件传输，防止文件被看到或劫持。信息交换加密技术分为对称加密和非对称加密两类。

➤ 数字签名技术：数字签名是手写签名的电子模拟，是通过电子信息计算处理产生的一段特殊字符串消息，该消息具有与手写签名一样的特点，是可信的、不可伪造的、不可重用的、不可抵赖的以及不可修改的，可用于身份认证和数据完整性控制。

➤ 数据认证技术：指一个实体向另外一个实体证明其所具有的某种特性的过程。认证的主要用途包括：（1）验证接收到的消息的合法性、真实性、完整性。（2）消息发送者不能否认所发消息。（3）任何人不能伪造合法消息。

➢ 防火墙技术：网络防火墙是一种用来加强网络间的访问控制，防止外部网络用户以非法手段通过外部网络进入内部网络，访问内部网络资源，保护内部网络操作环境的特殊网络互联设备。它对两个或多个网络之间传输的数据包按照一定的安全策略来实施检查，以决定网络之间的通信是否被允许，并监视网络运行状态。

➢ 虚拟专用网（VPN）技术：VPN 是近年来随着 Internet 的发展而迅速发展起来的一种技术。现代企业越来越多地利用 Internet 资源来进行促销、销售、售后服务，乃至培训、合作等活动。许多企业趋向于利用 Internet 来替代私有数据网络。这种利用 Internet 来传输私有信息而形成的逻辑网络就称为虚拟专用网。

➢ 安全隔离技术：面对新型网络攻击手段的不断出现和高安全网络的特殊需求，安全隔离技术的目标是，在确保把有害攻击隔离在可信网络之外，并保证可信网络内部信息不外泄的前提下，完成网络间信息的安全交换。

➢ 入侵监测技术：入侵监测技术是为保证计算机系统的安全而设计与配置的一种能够及时发现并报告系统中的未授权或异常现象的技术，是一种用于监测计算机网络中违反安全策略行为的技术。入侵监测系统能够识别出任何不希望有的活动，这种活动既可能来自网络外部，也可能来自网络内部。入侵监测系统的应用，能使计算机在入侵攻击对系统发生危害前，监测到入侵攻击，并利用报警与防护系统驱逐入侵攻击。在入侵攻击过程中，能减少入侵攻击所造成的损失。在被入侵攻击后，收集入侵攻击的相关信息，作为防范系统的知识，添加入知识库内，以增强系统的防范能力。

一般个人计算机主要通过安装和设置木马与病毒实时监控和查杀软件来保证计算机信息的安全。

而对于企业级别的信息安全保障，则可以通过高级信息安全保障体系来进行防护。高级安全保障体系一般实行以下七层安全防护：

（1）实体安全。包括机房安全、设施安全、动力安全、灾难预防与恢复等。

（2）平台安全。包括操作系统漏洞检测与修复、网络基础设施漏洞检测与修复、通用基础应用程序漏洞检测与修复、信息安全产品部署、整体网络系统平台安全综合测试、模拟入侵与安全优化等。

（3）数据安全。包括介质与载体安全防护、数据访问控制、数据完整性、数据可用性、数据监控和审计、数据存储与备份安全等。

（4）通信安全。包括通信线路和网络基础设施安全性测试与优化、安装网络加密设施、设置通信加密软件、设置身份鉴别机制、设置并测试安全通道、测试各项网络协议运行漏洞等。

（5）应用安全。包括业务软件的程序安全性测试（bug 分析），业务交往的防抵赖测试，业务资源的访问控制验证测试，业务实体的身份鉴别检测，业务现场的备份与恢复机制检查，业务数据的唯一性、一致性、防冲突检测，业务数据的保密性测试，业务系统的可靠性测试，业务系统的可用性测试等。

（6）运行安全。包括应急处置机制和配套服务、网络系统安全性监测、信息安全产品运行监测、定期检查和评估、系统升级和补丁提供、最新安全漏洞跟踪及通报、灾难恢复机制与预防、系统改造管理、信息安全专业技术咨询服务等。

（7）管理安全。包括人员管理、培训管理、应用系统管理、软件管理、设备管理、文档管理、数据管理、操作管理、运行管理、机房管理等。

8.4 个人计算机安全防护

随着 Internet 的普及，与计算机安全相关的一些问题也越来越突出，计算机病毒、木马、黑客、网络安全等术语为越来越多的人所了解。计算机病毒、木马和非法入侵已经成为妨碍我们正常和高效使用计算机和网络的主要障碍之一。

要想避免和降低计算机病毒、木马等的危害，应针对它们的传播途径（文件、电子邮件、磁盘、网络）进行防范。在计算机中安装病毒和木马实时监控和防杀软件，并定时查杀计算机系统中的病毒是较好的防范方法。

计算机病毒和木马实时监控和防杀软件可以使计算机免受病毒、蠕虫、木马程序以及可能有害的代码和程序的威胁。它可以配置为对本地驱动器和网络驱动器以及电子邮件和附件进行扫描，而且，还可以配置应用程序对扫描程序发现的所有病毒感染作出响应，并生成有关的操作报告。

下面我们以从网上可以免费下载和使用的流行杀毒软件之一 McAfee VirusScan 为例进行实验，以了解防杀病毒软件的有关功能。

从正规下载网站下载了 McAfee VirusScan 安装文件，运行后即可根据向导进行安装，如图 8—1 所示。

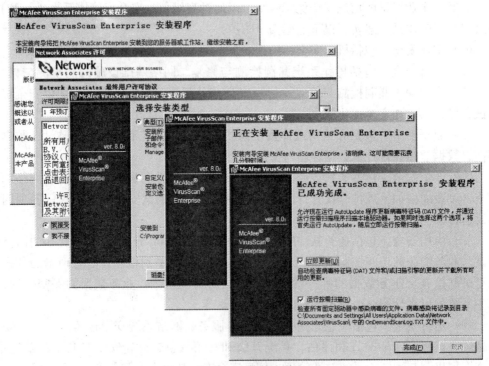

图 8—1　软件安装

安装完成后，首先进行数据更新，然后对系统（内存、磁盘、文件等）进行扫描，如图 8—2 所示。

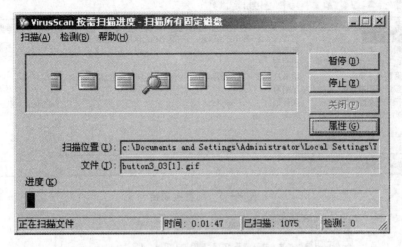

图 8—2　对系统进行扫描

安装完成后，在系统右下角的托盘区中，将出现该软件的 logo，如图 8—3 所示。这表明该软件已经常驻内存，可以对系统提供实时防护。

图 8—3　托盘中的 logo 表明防杀病毒软件已经常驻内存

要想对该软件进行配置，可以对托盘区中的 logo 右击鼠标，如图 8—4 所示。选择其中的 "VirusScan 控制台（C）…" 选项，出现该软件的配置控制台，如图 8—5 所示。

点击其中的 "访问保护" 项，弹出 "访问保护属性" 对话框（见图 8—6），其中包含了多个配置页。通过限制对指定端口、文件、文件夹和共享资源的访问防止入侵。在病毒发作之前和发作期间，此功能十分重要。它可以阻止对端口和端口范围的访问，将共享资源、文件和目录锁定为只读状态，阻止特定文件的执行，并在发现对被阻挡项目的访问尝试时生成记录条目或 Alert Manager 和 ePolicy Orchestrator 事件。如果病毒发作，用户可以阻止破坏性代码访问计算机。

图 8—4　控制菜单

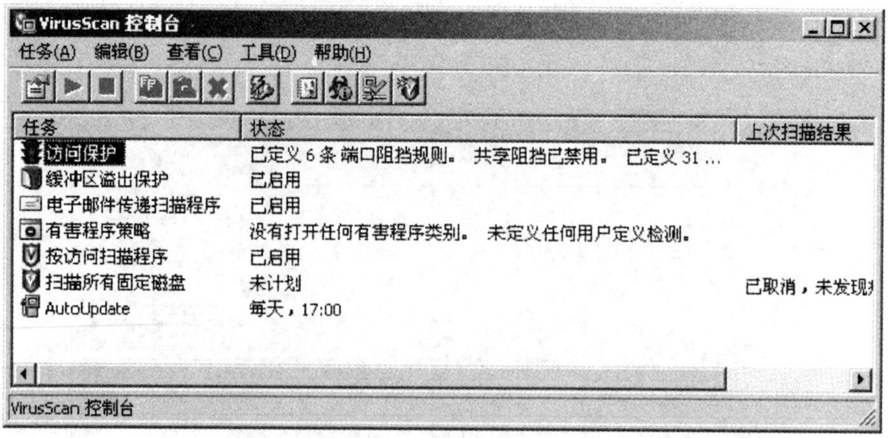

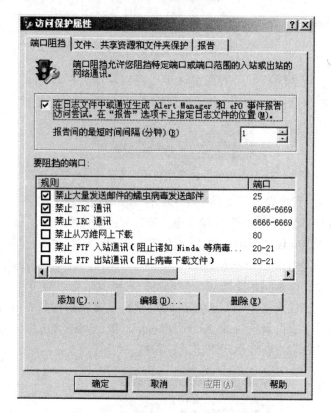

图 8—5   配置控制台

图 8—6   访问保护功能——端口阻挡

例如，在"端口阻挡"配置页（见图 8—6）中，可以配置为在发现对被阻挡端口的访问尝试时，阻挡指定端口的入站和出站通讯，并选择是否添加条目。阻挡端口时，会阻挡传输控制协议（TCP）和用户数据报协议（UDP）访问。

"文件、共享资源和文件夹保护"属性（见图 8—7）可以禁止对文件、共享资源和文件夹的读取和写入。此功能在防止入侵和在病毒爆发时阻止病毒传播方面具有很大的作用。一旦限制对文件、共享资源或文件夹的访问后，限制将一直有效，直到管理员删除它为止。

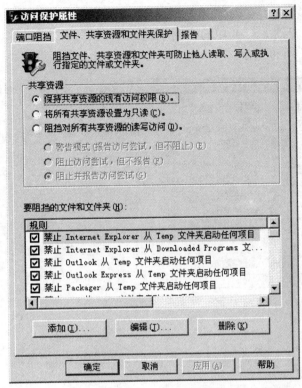

图 8—7　访问保护功能——文件、共享资源和文件夹保护

"报告"属性（见图 8—8）指定是否在日志文件中记录活动并配置日志文件的位置、

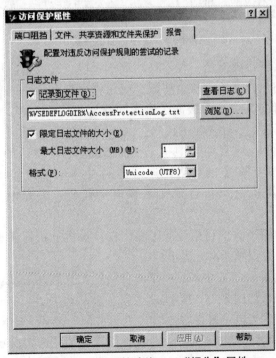

图 8—8　访问保护功能——"报告"属性

大小限制和格式。

点击控制台（见图 8—5）中的"缓冲区溢出保护"项，弹出"缓冲区溢出保护属性"对话框，如图 8—9 所示。

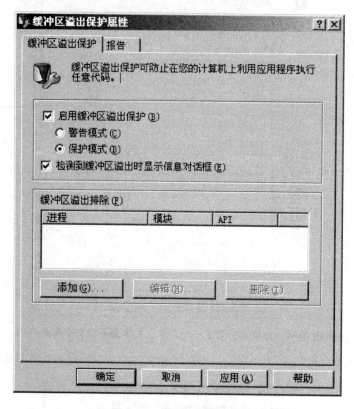

图 8—9　缓冲区溢出保护

利用缓冲区溢出进行攻击是一种常见的攻击手段，它利用应用程序或进程中的软件设计缺陷强制它们在计算机中执行代码。应用程序具有大小固定的缓冲区，用于存储数据。如果攻击者向其中一个缓冲区发送的数据或代码太多，则该缓冲区会溢出。然后，计算机会执行作为程序溢出的代码。由于代码的执行发生在应用程序的受保护部分，而这部分内容通常需要具有较高的或管理员级别的权限才能访问，因此入侵者可以获得执行命令的权限（通常他们没有这种访问权限）。攻击者可以利用这一缺陷在计算机上执行自定义黑客攻击代码，并危及计算机的安全和数据完整性。

缓冲区溢出保护用于防止利用缓冲区溢出在计算机上执行任意代码。它会监视用户模式的 api 调用，并识别缓冲区溢出调用。

点击控制台（见图 8—5）中的"电子邮件传递扫描程序"项，弹出"电子邮件传递扫描属性"对话框，如图 8—10 所示。

电子邮件扫描程序为电子邮件客户端软件（如 Microsoft Outlook、Foxmail 或 Lotus Notes 等）提供两种扫描电子邮件文件夹、附件和邮件正文的方法。

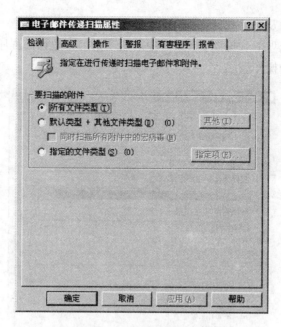

图 8—10　电子邮件传递扫描属性

➤ 激活后，电子邮件传递扫描程序会自动检查电子邮件和附件。如果使用 Microsoft Outlook 或 Foxmail，则执行电子邮件传递扫描；如果使用 Lotus Notes，则执行按访问电子邮件扫描。

➤ 按需电子邮件扫描程序由用户激活。它检查已存放在用户邮箱中、个人文件夹或 Lotus Notes 数据库中的电子邮件和附件。

使用"检测"选项卡（见图 8—10）中的选项可以指定要扫描的附件和文件类型扩展名。

使用"高级"选项卡（见图 8—11）中的选项可以指定高级扫描属性，例如扫描未知

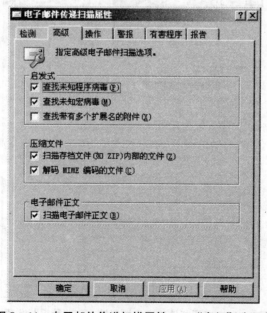

图 8—11　电子邮件传递扫描属性——"高级"选项卡

程序病毒、压缩文件及电子邮件正文。

使用"操作"选项卡（见图 8—12）中的选项指定希望扫描程序在检测到病毒时执行的主要操作和辅助操作。

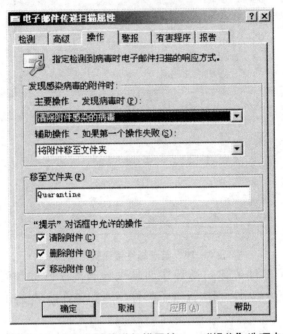

图 8—12　电子邮件传递扫描属性——"操作"选项卡

使用"警报"选项卡（见图 8—13）中的选项可以配置检测到感染病毒的电子邮件或附件时警告用户的方式。

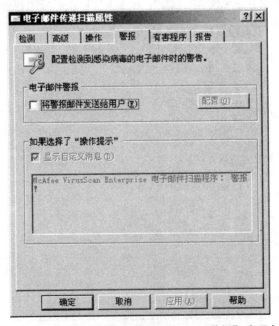

图 8—13　电子邮件传递扫描属性——"警报"选项卡

使用"有害程序"选项卡（见图 8—14）中的选项"检测有害程序"可以启用在"VirusScan 控制台"中配置的"有害程序策略"，并指定希望扫描程序在检测到有害附件时执行的主要操作和辅助操作。

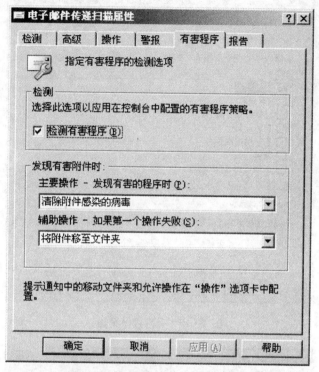

图 8—14　电子邮件传递扫描属性——"有害程序"选项卡

对有害附件的实际检测和随后的清除均由 dat 文件（病毒库数据文件）决定，正如对病毒的处理一样。如果检测到有害附件且主要操作设置为"清除"，则 dat 文件会尝试使用 dat 文件中的信息对附件进行清除操作。如果无法清除检测到的附件，或者这些附件不在 dat 文件中（例如用户定义的程序），则清除操作会失败，并转而执行辅助操作。

点击控制台（见图 8—5）中的"有害程序策略"项，弹出"有害程序策略"对话框，如图 8—15 所示。

有害程序（例如 Spyware 和 Adware）会带来麻烦和安全上的危险。防杀病毒程序允许对有害程序进行定义，然后对检测到的程序执行指定的操作。可以从当前 dat 文件的预定义列表中选择程序的所有类别或这些类别中的特定程序，也可以添加自己的程序进行检测（见图 8—16）。

配置分两步进行：

（1）在"有害程序策略"中配置要检测的程序。本部分介绍有关如何进行配置的信息。

（2）逐一将每个扫描程序配置为启用策略，并指定在检测到有害程序时扫描程序要执行的操作。

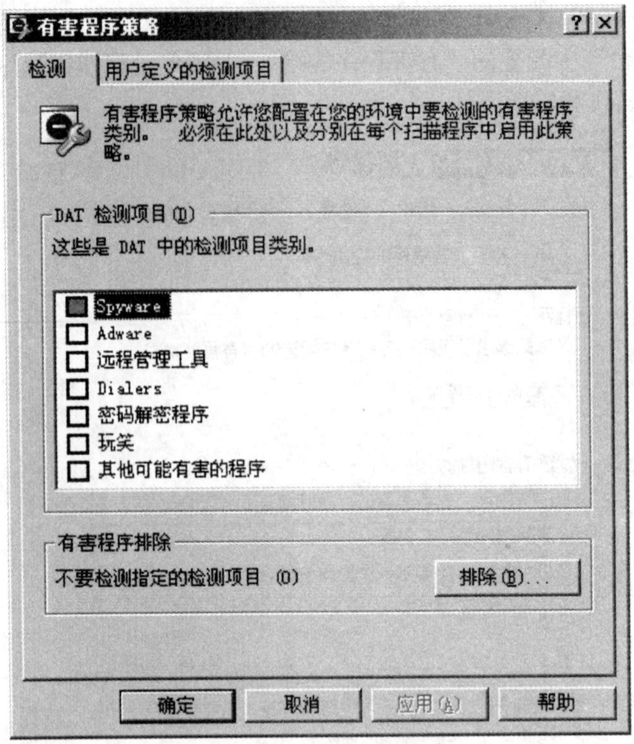

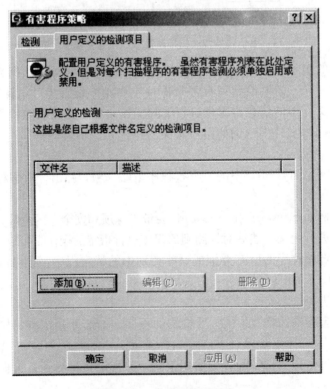

图 8—15　有害程序策略

图 8—16　自定义检测项目

点击控制台（见图 8—5）中的"按访问扫描程序"项，弹出"VirusScan 按访问扫描属性"对话框，如图 8—17 所示。

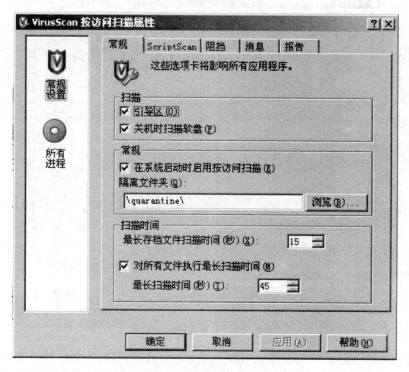

图 8—17　VirusScan 按访问扫描属性

按访问扫描程序根据配置的设置对计算机进行持续、实时病毒检测并对计算机上出现的病毒作出响应。可以为所有的进程配置相同的设置，或者根据进程是属于低感染风险还是高感染风险来配置不同的设置并在从计算机读取文件或向计算机写入文件时进行扫描。

如果检测到病毒感染，按访问扫描程序将详细记录感染病毒文件的信息（如果已配置其进行此操作），然后让用户快速看到该信息，并对感染病毒的文件立即采取措施。

"常规设置"下的选项卡上的选项可以配置应用于所有进程的按访问扫描设置。"所有进程"设置可为所有进程配置相同的按访问扫描进程选项，或者为特定的进程类别（默认、低风险或高风险）配置不同的选项。

在"常规设置"的"常规"选项卡（见图 8—17）上的选项可以配置按访问扫描的基本属性。

使用"ScriptScan"选项卡（见图 8—18）上的选项配置脚本扫描属性。此功能可以在执行 JavaScript 和 VBScript 脚本之前对其进行扫描。脚本扫描程序能够像真正的 Windows 脚本主机组件的代理组件一样运行。它会拦截这些脚本，然后扫描它们。如果脚本不含有病毒，则将传送给真正的脚本主机组件。如果脚本已感染病毒，则不执行脚本。此外，根据在"消息"选项卡中配置的设置生成一条警报，并根据在"报告"

选项卡中配置的设置在活动日志中记录信息。

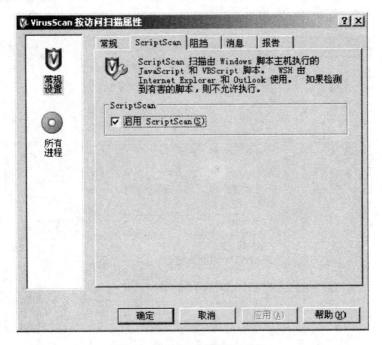

图 8—18　脚本扫描属性设置

使用"阻挡"选项卡（见图 8—19）上的选项可以配置对远程计算机连接的阻挡属性。此功能可以阻挡与共享文件夹中含有已感染病毒文件的远程计算机的连接。指定是否向用户发送消息，是否阻挡远程计算机的连接以及阻挡时间长短。如果检测到有

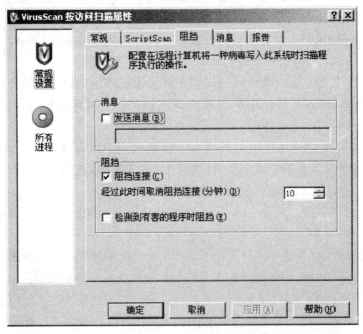

图 8—19　"阻挡"选项可以配置对远程计算机连接的阻挡属性

害程序，也可以阻挡远程计算机的连接。

使用"消息"选项卡（见图 8—20）上的选项，为按访问扫描配置用户消息属性。

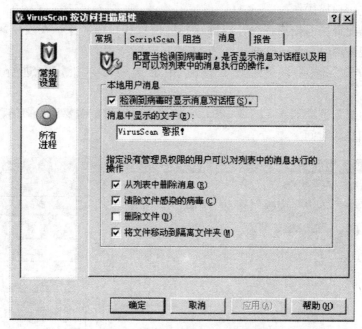

图 8—20　"消息"选项卡为按访问扫描配置用户消息属性

点击控制台（见图 8—5）中的"扫描所有固定磁盘"项，弹出"VirusScan 按需扫描属性—扫描所有固定磁盘"对话框，如图 8—21 所示。

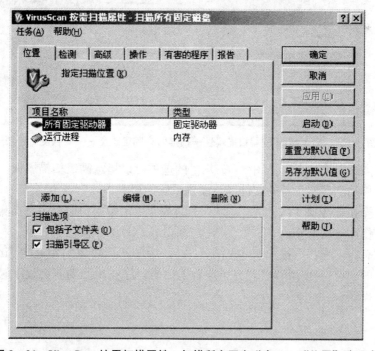

图 8—21　VirusScan 按需扫描属性—扫描所有固定磁盘——"位置"选项卡

按需扫描程序为用户提供了一种在方便时或定期扫描计算机各部分病毒的方法。它可以作为按访问扫描程序持续保护功能的一种补充，或者用于安排在与工作不冲突的时间定期进行扫描操作。

用户可以配置按需扫描程序，以确定扫描位置和扫描对象、在发现病毒时执行的操作以及发现病毒时如何得到通知。

使用"位置"选项卡（见图 8—21）中的选项可以指定要进行病毒扫描的位置。

使用"检测"选项卡（见图 8—22）中的选项可以指定需要按需扫描程序检查的文件类型以及扫描的时间。

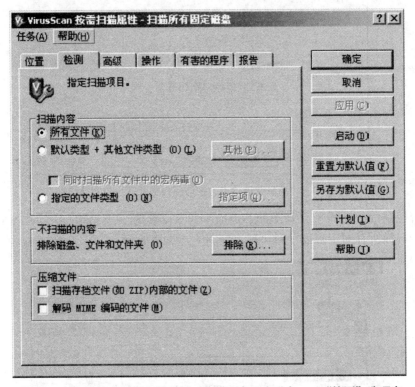

图 8—22　VirusScan 按需扫描属性—扫描所有固定磁盘——"检测"选项卡

使用"高级"选项卡（见图 8—23）中的选项可以指定高级扫描属性，例如扫描未知病毒和已移动到存储设备的文件以及设置系统使用率。

使用"操作"选项卡（见图 8—24）中的选项指定希望扫描程序在检测到病毒时执行的主要操作和辅助操作。

使用"有害的程序"选项卡（见图 8—25）中的选项可以启用在"VirusScan 控制台"中配置的"有害程序策略"，并指定希望扫描程序在检测到有害程序时执行的主要操作和辅助操作。

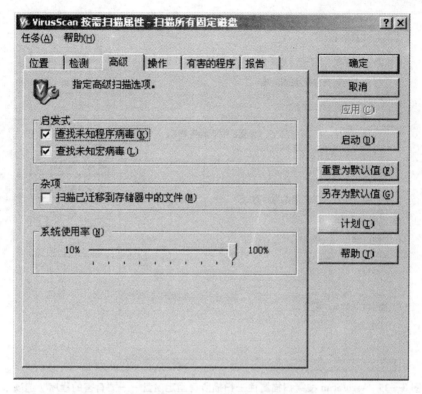

图 8—23　VirusScan 按需扫描属性—扫描所有固定磁盘——"高级"选项卡

图 8—24　VirusScan 按需扫描属性—扫描所有固定磁盘——"操作"选项卡

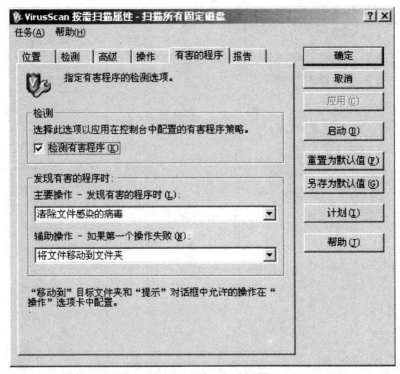

图 8—25　VirusScan 按需扫描属性—扫描所有固定磁盘——"有害的程序"选项卡

点击控制台（见图 8—5）中的"AutoUpdate"项，弹出"VirusScan AutoUpdate 属性"对话框，如图 8—26 所示。在这里可以根据自己的需要配置和设定 AutoUpdate 任务。

图 8—26　VirusScan AutoUpdate 属性

8.5 思考与练习

1. 病毒、蠕虫、木马有哪些共同点？它们各有什么特点？
2. 另选一款防杀病毒软件运行使用，比较其和 McAfee VirusScan 的异同点。
3. 高级安全保障体系包含哪些内容？

第 9 章

Web 2.0 应用概览

自 1995 年至 2001 年的第一波互联网应用高峰，主要特征是网站向网民提供应用和服务，网民主要处于观众或用户的角度。而自 2003 年至今的第二波互联网应用高峰，则有越来越多的应用有了网民参与的身影，即网民不再仅仅是网站的观众或用户，而且是一个参与者。其访问网站、购买商品和使用其他互联网应用和服务的过程，同时也成为网站应用的一部分，为他人使用网站的服务提供指引和帮助。

第一波互联网应用高峰过后，互联网不是"崩溃"了，而是比其他任何时候都更重要，令人激动的新应用程序和网站正在以令人吃惊的规律性涌现出来，而那些幸免于第一波互联网泡沫的公司似乎都有一些共性，于是，所谓的"Web 2.0"概念诞生了。其特点包括：

> 互联网是一个平台
> 让客户共同参与，利用客户的集体智慧
> 控制独特的、难以再造的数据源，用户越多内容越丰富
> 丰富的用户体验
> 通过客户的自服务来发挥长尾的力量
> 轻量型编程模型

Web 1.0 的主要特点在于用户通过浏览器获取信息，而 Web 2.0 则更注重用户的交互作用。用户既是网站内容的浏览者和客户，也是网站内容的生产者。Web 1.0 到 Web 2.0 的转变是从单纯的"读"向"写"、"参与"、"互动"发展，让所有的人都参与进来，用全民的力量共同织出贴近生活的网。

本章概要介绍一些典型的 Web 2.0 应用。

博客与聚合

Web 2.0 时代一项最受追捧的应用就是博客的兴起。博客（Blog）是一种面向个人的网络交流方式。我们可以方便地把自己的生活体验、灵感想法、得意言论、网络文摘、新闻时评等沿着时间的轨迹记入博客中，与网友分享。

从本质上来说，博客就是一种日记形式的个人网页。但与以前的通过分类来组织网页不同，博客虽然也可以加上分类或对内容添加标签（Tag），但其主要特征是按时间顺序来排列博文。这个小小的变化推动了与以往迥然不同的分发、广告和价值链的变化。

RSS 技术的应用，使得人们可以订阅博客，从而每当该博客产生变化时都会得到通知。一个指向博客的链接实际上是指向一个不断更新的网页，因此，RSS 比书签和指向独立网页的链接要强大得多。

任何人都可以方便、快捷地从博客服务商（见图 9—1）处申请属于自己的博客空间，撰写博文，也可以在阅读他人的博文后参与讨论和评论，还可以在博客空间中与他人进行交流，博客之间也可以通过好友链接的形式搭建友谊的桥梁，进而在志趣相投的博客中创立博客的"圈子"，形成一个小社会。

图 9—1 博客服务商网站

与论坛相比，"博客圈"（Blogosphere）具备了"对等"（Peer To Peer）的特征。人们可以相互订阅网站，方便对博文进行评论，而且通过一种称为"引用通告"（Trackback）的机制可以了解到有哪些人链接到其博客上，还可以用交换链接或者添加评论的方式来做出回应。

要注意的是,"引用通告"并不是自动的双向链接,而仅仅是提醒对方链接的存在以及谁进行了链接,需要被链接方做出确认后才可能会真正实现双向链接(交换链接)。照片共享服务(Flickr)网站的创始人之一卡特里纳·费克就此指出:"注意力仅在碰巧时才礼尚往来"。

作为一种有意识的思考和注意力的反映,博客圈已经开始具有强有力的影响。由于搜索引擎使用链接结构来辅助预测有用的页面,而博客圈内是如此多地自相引用,博客们对其他博客的关注开阔了他们的视野和能力,这使得他们自己的博客也更容易被搜索引擎所收录。博客将集体智慧用作一种过滤器。博客圈的集体关注会筛选出有价值的东西。

除了博客外,还有其他网站(特别是新闻网站)使用 RSS 技术来向网民提供内容聚合、订阅功能。要使用这个功能,一般需要下载和安装一个 RSS 阅读器(见图 9—2),将要订阅的内容添加到 RSS 阅读器的频道中。之后,将会及时获得所订阅新闻频道的最新内容。一般来说,可以先通过查阅传送到 RSS 阅读器上的标题和摘要,再决定是否点击查阅详细内容。

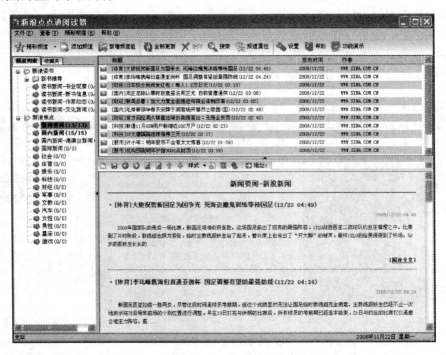

图 9—2　RSS 阅读器

对于一般用户来说,用 RSS 订阅新闻可以像使用客户端软件收取订阅的邮件一样简单。

9.2 即时通信

即时通信(Instant Messaging,IM)是网上一种十分方便、快捷的点对点沟通软件。即时通信因其典型的 P2P 特征而无争议地成为 Web 2.0 应用的典型。

典型的 IM 应用包括 QQ、Live Messenger（MSN Messenger）、Skype、UC、泡泡、ICQ 等（见图 9—3）。人们可以通过 IM 客户端软件进行 P2P 的交流，也可以通过"群"等设施进行群体的会谈。在此不细述。

图 9—3　各类即时通信软件

9.3　分类信息

分类信息也称分类广告，传统纸质媒介（如报纸）上一般都会看到分类广告的身影。纸媒报刊的分类信息虽然受欢迎，但也存在着因信息量的增大而引起的查找不便、广告价格较高等缺点。

网络时代的分类信息的内容则更加丰富，各地出现了众多的本地性的分类信息网站。

随着互联网应用的普及，分类信息网站的崛起很好地弥补了传统分类广告的不足。分类信息不仅信息量大，而且信息随时在线，永不丢失。更重要的是，利用分类搜索，可以保证用户在任何时间、任何地点都能非常方便快捷地进行查询。分类信息网站因内容编排精细化、及时、空间无限等特质而在大众生活及商务活动中备受关注和喜欢。

分类信息可以说是人们在信息时代的百科全书，工作、学习、娱乐、生活、交通、服务等信息归纳起来都可以属于分类信息。分类信息网站可以依据信息类别的不同划分为以下类别：

电子商务类：阿里巴巴（alibaba.com，见图 9—4）、中国供应商（china.cn）、慧聪网（hc360.com）等。

网址导航类：hao123 网址之家（hao123.com）、雅虎（yahoo.com）、265 上网导航（265.com，见图 9—5）等。

企业黄页类：中国黄页在线（yp.net.cn）、电信黄页（www.yellowpage.com.cn）、114 网址导航（114.com.cn）等。

生活信息类：58 同城网（58.com，见图 9—6）、赶集网（ganji.com）等。

图 9—4　阿里巴巴网站

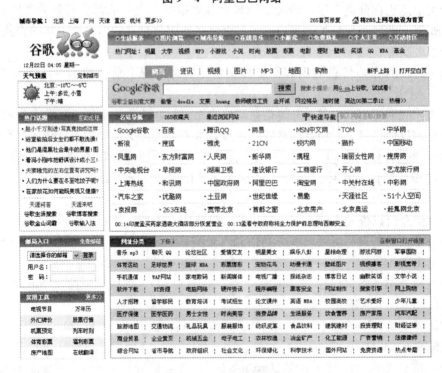

图 9—5　265 上网导航

图 9—6　58 同城网

同城小区类：中国网上小区（wsxq. com）、口碑网（koubei. com，见图 9—7）等。

图 9—7　口碑网

与传统广告相比，网络分类信息具有以下优势：

> 便捷性：网民在网上获取信息是主动的，只要对某条信息感兴趣，仅需轻按鼠标就能进一步了解更多、更详细的信息，从而使网民能够按照自己的选择亲身体验产品、服务。

> 精准性：可以通过访客流量统计系统精确统计出每条分类信息的浏览次数，这些量化的销售数据有助于广告主正确评估广告效果，制定广告投放策略。

> 海量性：分类信息的信息容量几乎无限，还可以通过超链接和分类条目，构建庞大的数据库，提供最详尽的广告信息。

> 时效性：分类信息具有时效性，网络分类信息可以即时发布到网络上，也可以根据需要随时调整信息。

9.4 维基与维基百科

维基（Wiki）是一种多人协作的写作工具。维基站点可以由多人进行维护，极端情况下甚至任何访问者都可以改写维基网页的内容。每个人都可以发表自己的意见，或者对共同的主题进行扩展或者探讨。

维基百科（wikipedia.org，见图 9—8）是一个自由、免费、内容开放的百科全书协作计划，参与者来自世界各地。这个站点使用 Wiki 工具，这意味着任何人都可以编辑维基百科中的任何文章及条目。

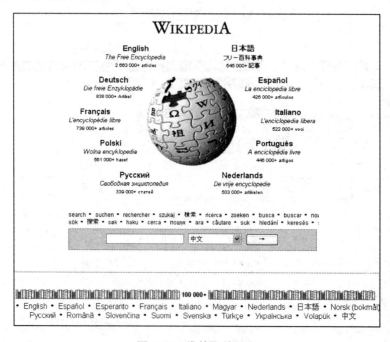

图 9—8 维基百科网站

维基百科创始于 2001 年 1 月 15 日，创始人是吉米·威尔士（Jimmy Wales）、拉里·桑格（Larry Sanger），目前已经有近 300 万条条目。每天都有来自世界各地的许多参与者进行数千次的编辑和创建新条目。中文维基百科（见图 9—9）正式创始于 2002 年 10 月，目前已经有超过 20 万条条目。

图 9—9　中文维基百科

在维基百科的影响下，涌现了一大批优秀的维基类网站。如百度百科（baike. baidu. com，见图 9—10）等，它们和维基百科一样，奉行"人人参与，人人为我，我为人人"的维基精神。

图 9—10　百度百科

9.5 互助问答网站与威客网站

虽然可以从搜索引擎和百科类网站中找到很多问题的答案，但仍然有一些问题是没有现成答案的。这时，可以通过一些互助问答网站或威客类网站找到问题的答案。

在这些网站上，你可以提出自己的问题，也可以针对现有的问题给出你所知道的解决方案。这类网站中，有公益性质的互助问答网站，也有付费求解的威客网站。

目前，国内知名度比较大的互助问答网站有百度知道（zhidao.baidu.com，见图9—11）、爱问知识人（iask.sina.com.cn，见图9—12）、360求助中心（baike.360.cn，见图9—13）等。

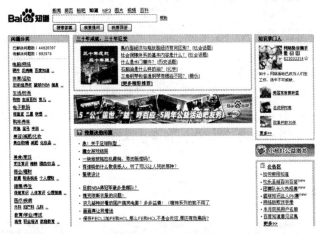

图9—11 百度知道

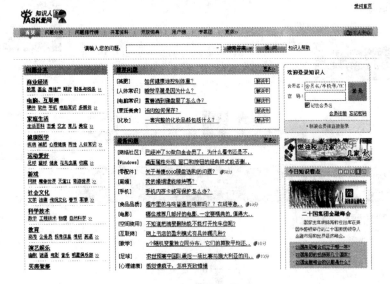

图9—12 爱问知识人

图 9—13　360 求助中心

与公益性质的免费、互助问答网站相比，威客网站则可以将帮助别人的行为转换为实际收益。威客的英文 Witkey 的含义是 the key of wisdom，指通过互联网把自己的智慧、知识、能力、经验转换成实际收益的人，他们在互联网上通过解决科学、技术、工作、生活、学习中的问题，让知识、智慧、经验、技能体现经济价值。

从威客理论的实践来看，目前主要有如下三种运营流程。

（1）现金悬赏任务流程（见图 9—14）

图 9—14　威客网站——现金悬赏任务

①任务发布者发布任务；

②全额预付现金给威客网站；

③众多威客参与任务；

④任务奖金支付给作品最好的一名威客。

（2）招标任务流程

①任务发布者发布任务；

②支付少量定金或不支付奖金；

③经威客网站确认的高水平威客报名参加；

④任务发布者选择合适威客开始工作；

⑤根据工作进度由任务发布者或威客网站向威客支付酬劳。

（3）威客地图（Witmap）流程

①威客在威客网站开设威客空间或工作室；

②任务发布方通过技能关键词查询威客或智力作品；

③双方通过站内留言、邮箱、IM、电话、直接见面等方式进行沟通，确定是否合作；

④合作后双方可以在威客网站进行相互评价。

9.6 网络书签

网络书签提供的是一种收藏、分类、排序、分享互联网信息资源的方式。使用它存储网址和相关信息列表，使用标签（Tag）对网址资源进行有序分类（见图 9—15 和图 9—16），使网址及相关信息可以为公众分享。在分享的人为参与的过程中网址的价

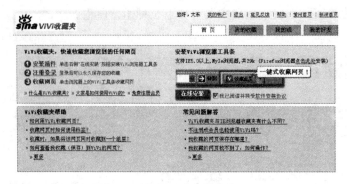

图 9—15　新浪 vivi 网络收藏夹——首页

图 9—16　新浪 vivi 网络收藏夹——我的收藏

值得到评估，通过群体的参与使人们挖掘有效信息的成本得到控制，通过知识分类机制使具有相同兴趣的用户更容易彼此分享信息和进行交流，网摘站点呈现出一种以知识分类为基础的社群的景象。

9.7　P2P

P2P 最早是 Peer To Peer（对等式网络）的含义，用于说明一种网络模式；随着互联网特别是近年来 Web 2.0 应用的普及，P2P 有了更新的含义，包括表示下载方式的 Point To Point（点到点下载）和业务协作上的 Person To Person（伙伴对伙伴）关系。

BT（BitTorrent）下载作为一种 P2P 下载方式，与以前的 FTP 下载有非常大的区别。FTP 下载一般只有一个数据源，而 BT 下载则有多个数据源。特别是在某个下载点下载了一部分数据后，下载者即可以成为一些新的数据下载源。因此，从理论上来说，FTP 下载是下载的人越多速度就越慢，而 BT 下载则是下载的人越多速度就越快。"我为人人，人人为我"可以说是对 BT 下载最为形象的解释。BT 下载广泛应用于大文件（如音频、视频文件）的下载。

也有人认为 P2P 是一种思想，有着改变整个互联网基础的潜能的思想。客观地讲，单从技术角度而言，P2P 并未激发出任何重大的创新，而更多的是改变了人们对因特网的理解与认识。正是由于这个原因，IBM 早就宣称 P2P 不是一个技术概念，而是一个社会和经济现象。

无论 P2P 是技术还是思想，它都直接将人们联系了起来，让人们通过互联网直接交流。它使得网络上的沟通变得更容易、更直接，真正地消除了中间环节，最符合互联网络设计者的初衷，给了人们一个完全自主的超级网络资源库。

9.8　社会性网络

SNS 全称 Social Networking Services，即社会性网络服务，专指旨在帮助人们建立社会性网络的互联网应用服务。

1967 年，哈佛大学的心理学教授斯坦利·米尔格拉姆（Stanley Milgram）创立了六度分隔理论，简单地说："你和任何一个陌生人之间所间隔的人不会超过六个，也就是说，最多通过六个人你就能够认识任何一个陌生人。"

按照六度分隔理论，每个个体的社交圈都不断放大，最后成为一个大型网络。这是社会性网络（Social Networking）的早期理解。后来有人根据这种理论，创立了面向社会性网络的互联网服务，通过"熟人的熟人"来进行网络社交拓展。

但"熟人的熟人"，只是社交拓展的一种方式，而并非社交拓展的全部。因此，现在一般所谓的 SNS，其含义已经远不止"熟人的熟人"这个层面。例如，根据相同话题进行凝聚（如贴吧）、根据学习经历进行凝聚、根据周末出游的相同地点进行凝聚等，都被纳入"SNS"的范畴。

中国的 SNS 从初期的单纯模仿、定位相似逐渐过渡到服务细分，出现了针对特定人群的 SNS 网络。

> 腾讯（qq.com）：以即时通讯为基础的 SNS 平台。
> 校内网（xiaonei.com）：校园与娱乐类 SNS 平台，参见图 9—17。
> 阿里巴巴（alibaba.com）：以商务应用为基础的 SNS 平台。
> 百度（baidu.com）：以搜索关键字为基础的 SNS 平台，参见图 9—18。

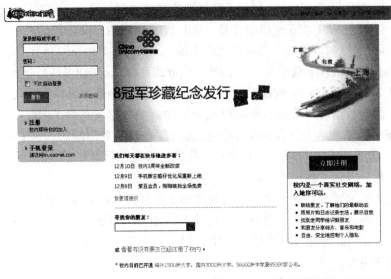

图 9—17　校内网

图 9—18　百度贴吧首页

9.9 思考与练习

1. 在网络上申请和运营博客。
2. 在维基百科或百度百科中编写或修订百科词条。
3. 在百度知道或爱问知识人中回复问题。
4. 找出其他属于 Web 2.0 性质的应用。

第 10 章

网站设计与制作概述

本章我们从运营、设计、推广等角度简要介绍网站建设时需要考虑的因素。在随后的第 11 章和第 12 章中，我们还要向读者介绍网站建设涉及的域名系统的有关知识，以及作为网站编制基础的 HTML 语言的有关知识。

10.1 网站建设考虑因素

网站建设要考虑的因素，主要包括运营、设计、推广等几大方面的因素。

网站运营方面，主要考虑网站定位（内容、客户、运营模式）等方面的内容。

网站设计与开发方面，主要考虑网站采用哪些构件、采用何种网站开发技术、如何架设网站服务器或设置服务器空间、网站使用哪个或哪些域名等。

网络推广方面，主要考虑采用何种网络推广方案，如何评估网络推广效果等。

10.1.1 网站定位

一个网站要想取得成功，首先应确定其类型及运营定位。即这个网站是面向哪些客户服务的，提供哪些产品或服务，如何提供这些产品或服务，如何获取持续性的收入。在设计阶段就需要把这些内容明确，这样才能为网站的长久发展打下坚实的基础。

可以从很多方面对网站进行分类，例如按行业进行分类。有一种常用的分类方法是把网站分为展示型、内容型、电子商务型、门户型等几种。

➢ 展示型网站主要以艺术展示或设计展示为主，内容不多，常见于美术类或设计类企业或工作室。

➢ 内容型网站以内容为主。如企业网站可发布公司产品信息、公司动态、招聘信息等。常见的内容型网站还包括从事信息服务的网站，如文学、下载、新闻网站等。

该类网站的设计较简洁，不需要太多花哨的内容来吸引或转移网民的视线。

➤ 电子商务型网站主要从事电子商务活动，因此对安全性和稳定性的要求比较高，对网站开发技术的要求也比较高。设计方面也要求简洁大方、稳重可信。

➤ 门户型网站内容比较丰富、综合性更强，除了内容的表现外，还更注重网站与用户之间的交流，因此很多门户型网站会提供信息发布平台、网民交流平台（如论坛）等设施。

展示型的网站不一定需要通过网站自身实现收益。电子商务型网站可以通过提供电子商务服务获取直接收益或中介收益。内容型网站和门户型网站可以通过多种形式实现收益，例如，可以考虑以下获取收益的手段：

➤ 信息内容收费。包括将新闻和信息内容打包向其他网站或媒体销售、用户付费浏览网站、用户付费进行数据库查询等方式。

➤ 定制信息收费。指根据客户（一般为企事业单位）的需要为其定制的专业性很强的实用信息，一般可以通过网络登录专用账号查阅，也可以通过电子邮件收阅。

➤ 网上直播/网上路演。针对企事业单位的需要对其活动进行现场网上直播（向企业收取一定的费用），还可以通过网络与网民进行现场交流。直播的内容可以保留供重复查阅。

➤ 实用消费信息功能收费，如付费的电子邮件、博客空间、相册空间、网络硬盘等。

➤ 提供手机信息服务，通过手机短信收费。

➤ 提供电子商务平台服务，收取使用平台的会员费。也可直接提供电子商务服务，通过电子商务进行收费。

➤ 网络广告收入。

➤ 手机短信和彩信业务收入。包括提供手机铃声、开机待机画面下载等服务。

实际上，网站实现收益的方式是非常多样化的，我们就不在此一一列出了。

一个相对固定的用户群是网站价值的充分体现。一个网站，无论做哪方面的服务，只要它能保持相对稳定的较多的用户，就具备了存在的价值。这可以从网站拥有的页面流量、注册用户数目中体现出来。其实现在很多成功的商业网站都拥有相对固定的用户群。拥有大量的用户，就意味着商业网站具有较大的影响力与商业价值。

10.1.2　网站构件

网络构件指实际构建网站的元件，主要包括：

➤ 网站名称
➤ 网站域名
➤ 网站频道和栏目
➤ 网站导航条或网站地图
➤ 网站文字
➤ 网站中的图像
➤ 企业邮局

> 计数器或综合统计系统
> 留言本
> 反馈单
> 订单系统
> 交流论坛
> 聊天室
> 广告管理系统
> 站内搜索系统
> 其他

网站实际建设过程中，可以根据需要选用其中的部分构件，建设满足需要的网站。

这些构件的作用、特点和应用，有些在本书的其他章节中进行了介绍。由于篇幅原因不在此全部展开，只挑选其中部分内容略作介绍。有兴趣的读者可以上网查询相关资料或查阅相关书籍，在此不再赘述。

这些构件可以自己开发，也可以购买第三方开发的产品，网上也有很多免费的程序可以下载使用或者申请使用。

1. 网站名称与网站域名

网站的名称是网站的招牌，好的网站名称就是金字招牌。好听、易记的网站名称，是网站成功推广的关键。

域名是网站的重要基础设施，对网站进行的所有宣传，其最终目的都是希望网民记住网站的域名，并让他们通过此域名访问网站，最终达到推广网站和相关的产品与服务的目的。

好的域名，可以帮助你以较低的成本进行有效推广。不好的域名，将会使你在网站推广上浪费大量的时间、人力、财力。

这里先举一些例子。如果你想了解与中国有关的情况，想访问一个中国门户网站。假设你从未接触过有关这方面的广告，那么，除了通过搜索引擎查询外，你可能会尝试通过以下网址访问：

http://www.China.com　　　　　　　　　（中华网，域名 China.com）

http://www.China.cn　　　　　　　　　　（中国供应商，域名 China.cn）

http://www.China.com.cn　　　　　　　　（中国网，域名 China.com.cn）

在这里，"中华网"和"中国网"就是不错的网站名称，China.com、China.cn、China.com.cn 就是非常棒的网站域名。

而很多没有关注网站名称和网站域名在推广中所起的重要作用的网站，即使如新浪网（域名 Sina.com.cn）、搜狐（域名 Sohu.com）、TOM（域名 Tom.com）这样的大站名站，也只能通过花费大量的宣传费用来让网民了解其网站及其域名，只有这样网民才有可能访问该网站。

因此，域名 China.com、China.cn、China.com.cn 的价值要比其他几个门户网站的价值要高。

关于域名，我们将用独立的一章向读者详细介绍。在这里，我们介绍选择域名时需要考虑的几个主要方面：

　　➤ 主流类型。对于一家中国企业来说，网站域名类型首选全球通用的 .com，其次考虑代表中国的 .cn 和 .com.cn。

　　➤ 主体含义。如果域名的主体拥有某种含义，或者具有诸如吉祥数字、叠字等组合，则容易被网民记住。如果域名主体的字面具有某个行业、领域、产品、服务等相关的含义，则在相关领域中进行推广时更具有精准的优势。甚至有不少网民会自觉地输入相关域名来尝试访问相关领域的网站，因此，这类域名能够带来最有价值的客流。

　　➤ 主体长度。域名主体越短，就越容易记忆和拼写。

　　2．网站频道和栏目

　　网站内容较多时，需要分类划分栏目；栏目较多时，需要分类确立频道。如何划分网站频道和栏目，需要进行调查和分析，过粗或过细的划分都不利于网民访问。对于一个内容不太多的网站来说，尽量将栏目（子栏目）数量压缩在 10 个以内较为合适。

　　3．网站导航条或网站地图

　　对于有比较复杂或层次较深的频道和栏目划分的网站来说，设置适当的网站导航条和网站地图，将会帮助网民对网站有一个比较全面的了解。

　　4．网站中的图像

　　由于受网络带宽的影响，网站中的图像不宜太大。因此，其文件格式一般是压缩图像格式，如 .gif、.jpg 等。不宜采用 Windows 的画图程序默认的 .bmp 文件格式。

　　制作和处理网页图像的软件有很多种，例如流行的美术设计软件 PhotoShop、网络图形编辑软件 Fireworks、网页交互动画制作工具 Flash 等。

　　5．企业邮局

　　一个商业性网站应配备与网站主域名相同的企业邮局，并设置与网站域名相同的业务联系信箱。假定企业网站域名为 ABC.com，则相应的配套信箱为 ***@ABC.com，例如网管信箱为 admin @ ABC.com，市场部信息为 sales @ ABC.com 等。

　　使用配套的企业邮局和企业信箱，至少有以下几方面好处：

　　➤ 有助于树立企业形象：一个有实力的企业，在处理网络业务或通过网络进行的业务联系中，如果不使用与企业网站配套的信箱名，其企业形象必然会大打折扣。

　　➤ 方便员工和业务管理：在现代经济环境中，人员的流动是很正常的现象；但对于企业来说，不能容忍客户和业务随着人员的离职或换岗而流失的情况。如果给企业的业务人员统一分配与岗位相关的业务信箱，而不是由员工随意使用其私人信箱来联系业务，那么，在人员、岗位发生变动时，只要重新分配信箱的管理人，就可以保持业务联系的连续性，并最大限度地避免业务的流失。

　　➤ 对业务推广也会有帮助：如果企业的品牌和产品已经打开了一定的市场，那么，别人想与你联系时而找不到相应的联系电话或信箱时，他也许会考虑尝试着往 admin@*.*、sales@*.*、info@*.* 之类的信箱中发信来联系业务。

　　6．计数器或综合统计系统

　　网站设立计数器，可以统计网站的访问人次。功能全面的访问统计系统，除提供简单的计数功能外，还可以提供网站访问情况的分类详细统计数据，例如来访 IP 记录、按小时/日/周/月的访问统计、来路统计、被访页面统计、搜索引擎关键字统计、来访者地区统计、来访者使用的客户端软件统计、来访者屏幕尺寸等信息，从而更精确地了解客户对网站的需求情况，更好地调整网站布局和设计，更好地服务客户。

下面我们以图 10—1～图 10—9 为例，介绍某综合统计系统对某网站的统计数据分析。

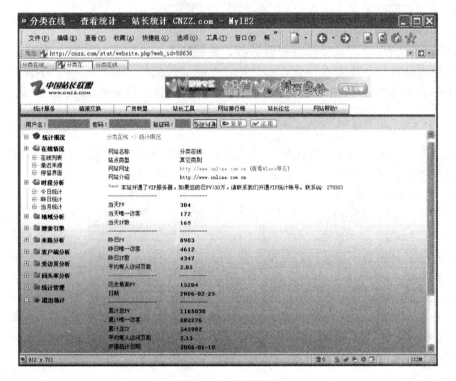

图 10—1　统计概况

在图 10—1 所示的统计概况页面中，可以了解到当日、昨日、累计、最高的页面浏览量 PV、唯一访客、IP 数等数据。

点击左栏的"在线列表"链接，即可出现如图 10—2 所示的页面，其中显示出最近 15 分钟内访问者的 IP 地址、所在区域、来源、访问页面等信息。

点击左栏时段分析中的相关链接，即可查阅当天、昨天和当月的时段、日段统计情况，如图 10—3 所示。

点击左栏中的地域分析的相关链接，即可了解来访者所在的区域的情况，如图 10—4 所示。

点击左栏中搜索引擎的相关链接，即可了解搜索引擎的来访统计、常见搜索关键字统计、最近搜索来访统计等数据。如图 10—5 所示。

点击左栏中的客户端分析的相关链接，即可了解来访者所使用的计算机的系统情况，包括所使用的操作系统、浏览器、分辨率等。如图 10—6 和图 10—7 所示。

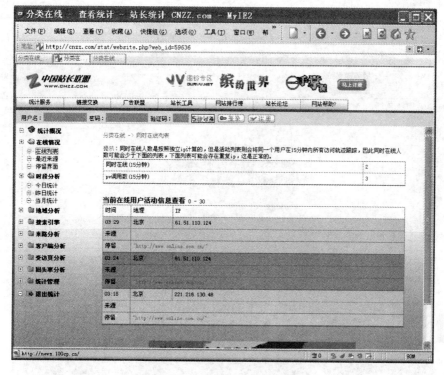

图 10—2　同时在线网民情况

24小时访问量分布

小时段	PV访问量	独立访客	唯一IP访问量	比例
0:00-1:00	233	151	157	2.6%
1:00-2:00	248	97	94	2.7%
2:00-3:00	173	80	78	1.9%
3:00-4:00	184	80	73	1.8%
4:00-5:00	58	32	30	0.6%
5:00-6:00	138	43	40	1.5%
6:00-7:00	63	43	38	0.7%
7:00-8:00	132	74	71	1.4%
8:00-9:00	401	175	169	4.5%
9:00-10:00	559	283	252	6.2%
10:00-11:00	662	285	282	7.4%
11:00-12:00	569	294	279	6.3%
12:00-13:00	587	315	292	6.5%
13:00-14:00	487	303	288	5.4%
14:00-15:00	353	209	196	3.9%
15:00-16:00	256	172	165	2.8%
16:00-17:00	392	235	224	4.4%
17:00-18:00	631	329	305	7%
18:00-19:00	535	261	240	6%
19:00-20:00	580	296	276	6.2%
20:00-21:00	588	303	280	6.6%
21:00-22:00	581	280	250	6.3%
22:00-23:00	312	178	165	3.5%
23:00-24:00	243	112	103	2.7%

图 10—3　24 小时访问分布统计

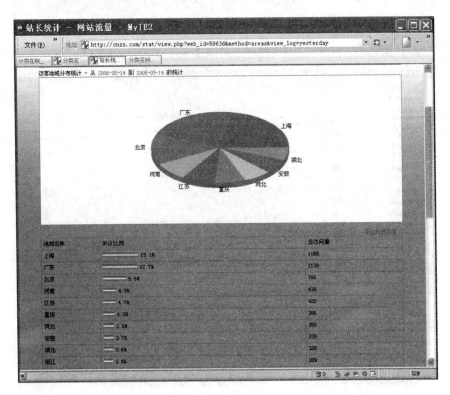

图 10—4　网民地域统计

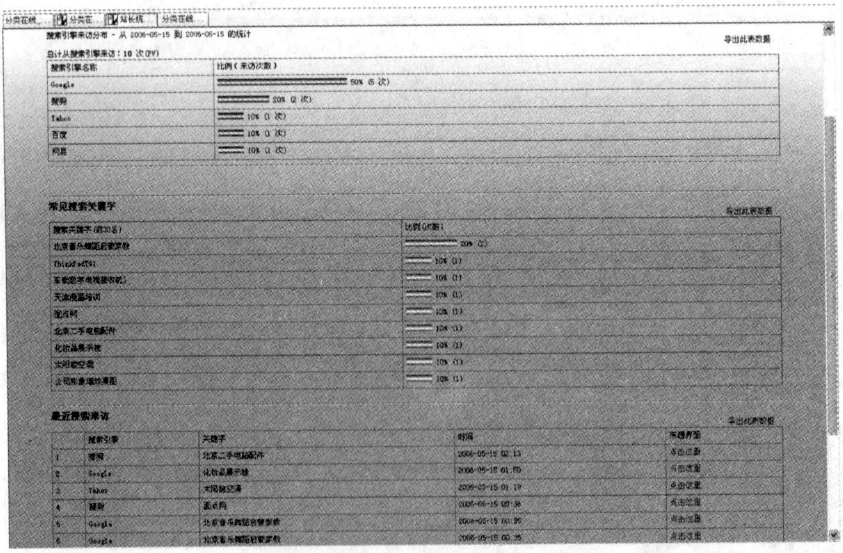

图 10—5　搜索引擎统计（来源、常见关键字、最近来访）

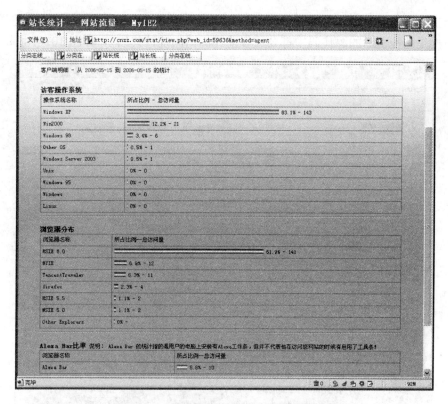

图 10—6　客户端操作系统、浏览器等统计

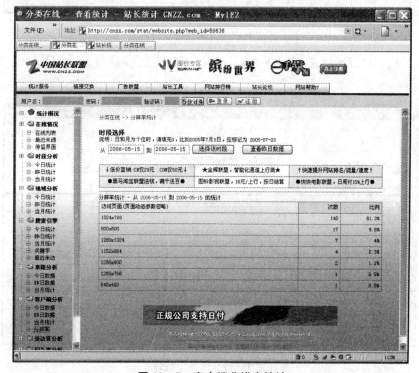

图 10—7　客户端分辨率统计

点击左栏的受访页分析的相关链接，可以了解到网站中具体页面被访问的详细情况（前提是这些页面的源代码中都要放置前述的访问统计代码），如图 10—8 所示。

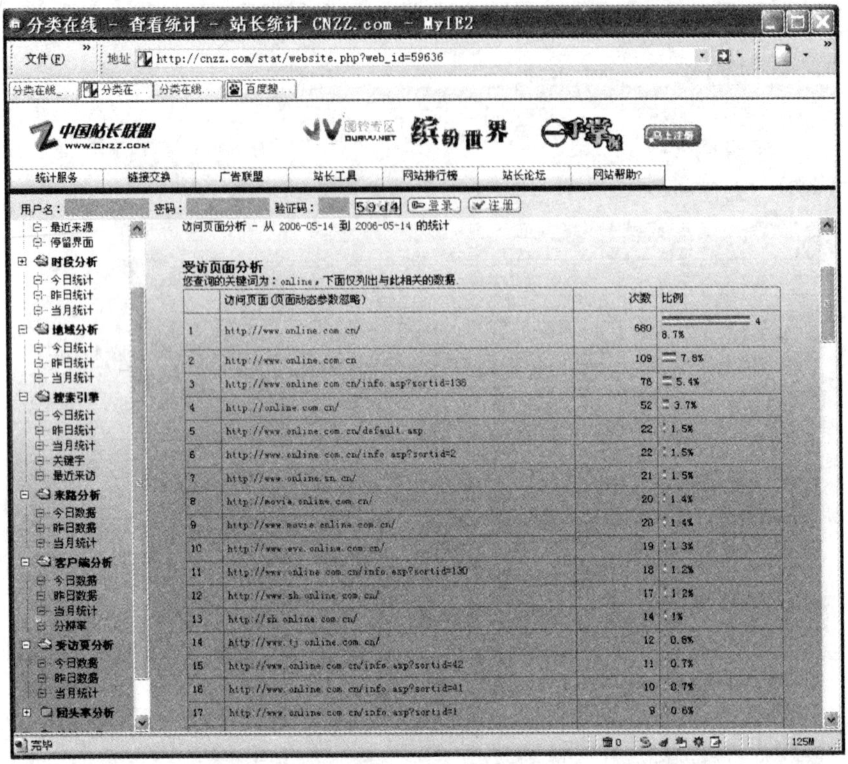

图 10—8　受访页面统计

最后，我们可以通过左栏的回头率分析来了解来访者是新人，还是回头客，如图 10—9 所示。

图 10—9　回头率统计

7. 站内搜索系统

搜索引擎可以使用户方便快捷地找到自己需要的信息。设立面向网站信息的站内搜索系统，也是站点易用性的体现，否则用户在一大堆毫无标志的信息中是难以找到自己需要的信息的。

10.1.3　网站服务器与网站访问速度

网站做好后还需要放在已连接到 Internet 的服务器上，否则只能留在你的电脑里供你一个人欣赏。网站是放置在服务器空间上的，有以下几种常见形式：

➢ 租用专线与 Internet 相连的独立服务器或服务器组（成本高，性能高，稳定）。

➢ 利用 ISP（Internet 服务提供商）的独享带宽服务器托管服务器（成本高，性能高，稳定）。

➢ 利用 ISP 的共享带宽服务器托管服务器（成本中，性能中）。

➢ 租用 ISP 的整体服务器（成本中，性能中）。

➢ 租用 ISP 的虚拟主机空间（即服务器上的一部分区域）（成本低，性能中）。

➢ 从网上申请免费主页空间（成本低，性能低，不稳定）。

管理网站服务器的操作系统，目前主要有两大类。一类是微软公司推出的 Windows Server 系统，另一类是 Linux 系统。它们各有特点和优缺点。

网站的响应速度对网民的心理影响也是不容忽视的。一般情况下，网民点击一个网站链接后，在 3 秒以内能够打开该网站，他会感觉很愉快；如果 7 秒内还没有打开，他就可能会有不耐烦的感觉；如果 15 秒仍未打开，则大部分网民会转而浏览其他网站。

因此，网站的访问速度是很关键的。要提高网站的响应速度，主要要考虑的影响因素包括网站服务器的性能、服务器与 Internet 主干网的连接方式/带宽/稳定性，等等。当然，网民上网方式及其所用计算机的性能也是一个非常重要的因素。

10.1.4　网站开发方法

简单来说，一个网站的建设主要有以下几种方式：

➢ 委托专业网络公司开发；

➢ 自己单位组建开发团队进行开发；

➢ 从网上申请自助建站来完成网站的开发（实际上，网络博客、播客、网络相册、专栏的本质也是自助建站）。

对于具体的网站开发而言，可以采用以下开发技术：

➢ 通过使用像 Dreamweaver 或 FrontPage 这样的专业开发工具软件来进行开发。

➢ 也可以使用 PowerPoint/Word 等软件的转存为网页功能来实现开发。

➢ 还可以通过手写 HTML 代码的形式进行开发。详见本书第 12 章。

详细内容本书不做展开，有兴趣的读者可以参阅相关的专业书籍或课程。

10.2 | 网络推广概述

网站制作完毕，并且也传送到网络服务器上，就能够通过相应的网址来访问了。但是，怎样才能让别人知道你的网站及网址，并通过该网址来访问你的网站，以便了解你的企业、产品、服务等相关信息，并购买相关的产品或使用相应的服务呢？这就需要进行相应的网上推广工作了。

本节简单介绍几种常见的网络推广方式。

10.2.1 网络商业广告

要对你的网站进行推广，可以通过广告的形式来进行。如果以企业的形象推广为主，可以考虑传统媒体广告；如果以网站、产品、服务推广为主，应重点考虑网络广告。

关于网络广告，我们将在本章的 10.3 节做详细的介绍。

10.2.2 链接宣传

网站链接是推广的较好形式。一般情况下包括友情链接和收费链接两种形式。

友情链接一般是互换链接，即两个网站相互交换网址链接，相互进行宣传。

收费链接一般是一些热门或专业网站在其网站上留出相应的链接位置，只要付费即可加上你的网站的链接。如果用户上网看到了并且点击，则可到广告主的网站上浏览一番。

如果在热门门户网站做链接，费用一般是比较高的。很多大型企业做链接的目的并不太关注通过链接能带来多少定单，而是保证自己的品牌在外时刻传播。

上述两种链接的形式可能是文字的链接，也可能是图片的链接。如果是图片链接，相应的图片文件不宜太大，一般控制在 10K 以内为宜。

在网站的链接中，一般分为首页链接和子页链接（或栏目内链接）。一般情况下，首页链接的效果远远大于子页链接。而在首页中，又分为首屏链接（即网站显现后的首屏）和次屏链接（需要按卷滚条或翻页键才能看到），首屏链接的效果是最佳的。

另外，网上有多种形式的网站排行榜，这些排行榜多数是分类的。以突出醒目的网站名字或网站图标来加入这些排行榜，选择合适的分类，对网站的推广也会有所帮助。

10.2.3 论坛宣传

经常性地到一些专业网站发言，在签名处加上网站的站名、网址，有助于网站的宣传和推广。

10.2.4 域名策略

域名在建立网站过程中的重要性不言而喻，选择一个好的域名可以节省很多的推广费用。此外，还可以通过以下企业域名整体策略来保护和推广网站。

> 多域名指向。一个企业网站，重点推广一个域名，但也应将与本企业相关的域名注册下来，并指向同一网站，以便将一些潜在客户引导到正确的位置。例如，假设某中国企业的网站域名为 ABC.com，则该企业至少还应注册 ABC.net、ABC.cn、ABC.com.cn、ChinaABC.com、ABCChina、ABCGroup.com 等外围域名，并指向同一网站 ABC.com。

> 注册或购买行业、领域、产品类通用域名，将自发访问这些域名的潜在客户发展为自己企业的潜在客户。

> 中文网址引导。目前，有一些中文网址技术，使我们在浏览器中不需要打入英文网址，而只要打入中文即可访问相应的网站。这类技术的代表目前主要有 CNNIC 推出的通用网址服务。你可以将企业、商标、产品和服务名称等注册为相应的中文网址，这样，会有一部分客户通过这种方式访问到你的网站。

10.2.5　页面关键字与搜索引擎推广

在"搜索引擎"一章中，我们介绍过专业的搜索引擎一般使用蜘蛛程序来自动地搜索最新的网站内容和更新信息。这些蜘蛛程序在采集信息时，很重要的一个依据就是网页头部设置的一些页面关键字和相关参数。如果能够正确地设置这些关键字，则网站可能会被更多的搜索引擎所收录，在搜索引擎中的排名也会有所上升。这样，网民在使用搜索引擎时，就可能有机会搜索到你的网站并访问。

除了通过页面关键字提升其在搜索引擎的排名外，还有很多目录式的搜索引擎可以通过免费或付费的方式将网站收录其中。如果是免费的，我们应尽可能多地登录；如果是付费的，应选择网民最有可能查询的分类进行登录。

此外，越来越多的搜索引擎厂商推出了搜索引擎竞价排名业务，即你只要交纳一定的费用，即可在其搜索引擎的广告赞助位置中占有一席之地，从而达到推广的目的。

10.3　网络广告概述

随着网络应用的发展和上网人数的日益增多，网络广告已经成为一种重要的广告形式。在各大门户和专业网站中，网络广告的收入也成为其重要的收入来源之一。

本节对网络广告的优势、相关术语和常见形式进行介绍。

10.3.1　网络广告的优势

与传统广告相比，网络广告具有以下优势：

> 多维广告。传统媒体是二维的，而网络广告则是多维的，它能将文字、图像和声音有机地组合在一起，传递多感官的信息，让顾客如身临其境般感受商品或服务。网络广告的载体基本上是多媒体、超文本格式文件，广告受众可以对其感兴趣的产品信息进行更详细的了解，使消费者能亲身体验产品、服务与品牌。这种图、文、声、

像相结合的广告形式，将大大增强网络广告的实效。

➤ 拥有最有活力的消费群体。网络广告的目标群体是目前社会上层次最高、收入最高、消费能力最高的最具活力的消费群体。这一群体的消费总额往往大于其他消费群体的消费额之和。

➤ 制作成本低，速度快，更改灵活。网络广告制作周期短，即使在较短的周期进行投放，也可以根据客户的需求很快完成制作，而传统广告制作成本高，投放周期固定。另外，在传统媒体上做广告，发布后很难更改，即使可以改动往往也需付出很大的经济代价。而在互联网上做广告能够按照客户需要及时变更广告内容。这样，经营决策的变化就能及时实施和推广。

➤ 具有交互性和纵深性。交互性强是互联网络媒体的最大优势，它不同于传统媒体的信息单向传播，而是信息互动传播。用户只需简单地点击鼠标，就可以通过链接从广告主的相关站点中得到更多、更详尽的信息。另外，用户可以通过广告位直接填写并提交在线表单信息，广告主可以随时得到宝贵的用户反馈信息，进一步拉近了用户和广告主之间的距离。同时，网络广告可以提供进一步的产品查询需求。

➤ 能进行完善的统计。网络广告通过及时和精确的统计机制，使广告主能够直接对广告的发布进行在线监控。而传统的广告形式只能通过并不精确的收视率、发行量等来统计投放的受众数量。

➤ 可以跟踪和衡量广告的效果。广告主能通过 Internet 即时衡量广告的效果。通过监视广告的浏览量、点击率等指标，广告主可以统计出多少人看到了广告，其中有多少人对广告感兴趣并进一步了解广告的详细信息。因此，较之其他任何广告，网络广告使广告主能够更好地跟踪广告受众的反应，及时了解用户和潜在用户的情况。

➤ 投放更具有针对性。通过提供众多的免费服务，网站一般都能建立完整的用户数据库，包括用户的地域分布、年龄、性别、收入、职业、婚姻状况、爱好等。这些资料可帮助广告主分析市场与受众，根据广告目标受众的特点，有针对性地投放广告，并根据用户特点作定点投放和跟踪分析，对广告效果做出客观准确的评价。另外，网络广告还可以提供有针对性的内容环境。不同的网站或者是同一网站不同的频道所提供的服务是不同质的，这就为密切迎合广告目标受众的兴趣提供了可能。

➤ 受众关注度高。据资料显示，电视并不能集中人的注意力，在收看电视的观众中，有相当比例的人同时在阅读、做家务、吃喝、玩赏它物、烹饪、写作和打电话。而大部分网民在使用计算机时并不做其他杂事，注意力比较集中，因此广告的效果会更好。

➤ 缩短了市场推广的时间。广告主在传统媒体上进行市场推广一般要经过三个阶段：市场开发期、市场巩固期和市场维持期。在这三个阶段中，厂商要首先获取注意力，创立品牌知名度；在消费者获得品牌的初步信息后，推广更为详细的产品信息。然后是建立和消费者之间较为牢固的联系，以建立品牌忠诚。而互联网将这三个阶段合并在一次广告投放中实现：消费者看到网络广告，点击后获得详细信息，并填写用户资料或直接参与广告主的市场活动甚至直接在网上实施购买行为。

➤ 传播范围广、不受时空限制。通过国际互联网络，网络广告可以将广告信息 24

小时不间断地传播到世界的每一个角落。

➢ 具有可重复性和可检索性。网络广告可以将文字、声音、画面完美地结合之后供用户主动检索，重复观看。而与之相比电视广告却是让广告受众被动地接受广告内容。如果错过广告时间，就不能再得到广告信息。另外，显而易见的是，平面广告的检索比网络广告的检索要费时、费事得多。

➢ 具有价格优势。从价格方面考虑，与报纸杂志或电视广告相比，目前网络广告费用还是较为低廉的。获得同等的广告效应，网络广告的有效千人成本远远低于传统广告媒体。而且主页内容可以随企业经营决策的变更随时改变，这是传统广告媒体所不可想象的。

10.3.2　网络广告相关术语

在网络广告中，常用到的主要术语有：

➢ 页面显示（Page View，PV）/印象（Impression）：也称页面访问或页面浏览，指网上广告被显示的次数。一般以一段时间来衡量，如每天 100 万 PV。

➢ 点击（Hit）：从一个网页提取信息点的数量。网页上的每一个图标、链接点都产生点击，所以由于所含图标数量和浏览器设置的不同，对一篇网页的访问可以产生多次点击。因此，用一段时间内有多少次点击来比较网站访问流量是不准确的。请特别注意此"点击"（Hit）与我们常说的鼠标"点击"（Click）的区别，后者每次点击相当于一次页面显示（PV）。

➢ 日志文件（Log File）：由服务器产生的，记录所有用户访问信息的文件。

➢ 独立用户数（Unique Users）：指在单位时间内访问某一站点的所有不同用户的数量。一般根据访客的 IP 来进行统计。

➢ 会话（User Session）：一个单独用户访问一个站点的全过程称为一次会话。在一定时间内所有会话的总和称为访问人次（User Sessions）。

➢ 访问（Visit）：用户点击进入一个网站，然后进行的一系列点击（Click）。由于网络数据以"数据包"的方式传送，而不是持续连接。当用户在超过系统规定的时间没有再次点击要求的数据，下一次点击将被认为另一次访问。

➢ 点进次数（Click Through）：网上广告被用户打开、浏览的次数。

➢ 点进率（Click-through Rate）：网上广告被点进的次数与被显示次数之比。

➢ 千印象费用（Cost Per Thousand Impressions，CPM）：网上广告每播放一千次的费用。

➢ 每次行动成本（Cost Per Action，CPA）：广告主为规避广告费用风险，只有在广告产生销售后才按销售笔数付给广告商的费用，一般较 CPM 价格要高。

10.3.3　网络广告常见形式

在网络广告中，有多种不同的播放形式，参见图 10—10～图 10—13。简述如下。

➢ 文字广告（Text）：以文字链接的形式进行广告宣传。

➢ 旗帜广告（Banner）：又名"横幅广告"，常用的广告尺寸是 486×60 像素，以

gif、jpg 等格式建立的图像文件，定位在网页中。大多用来表现广告内容，同时还可使用 Javascript 等脚本语言使其产生交互性，用 Flash 等工具增强表现力。

> 按钮广告（Buttons）：有时也称为图标广告（Logo）。常用的按钮广告尺寸有 120×60 像素、100×30 像素、88×31 像素及其他相近的尺寸。按钮广告和图标广告定位在网页中，由于尺寸偏小，表现手法较简单。

> 通栏广告：在栏目与栏目之间插入通栏的横条广告。

> 浮动广告和飘动广告：无论如何滚动页面，均浮动于屏幕表面的广告。飘动广告除浮动于页面之上外，还会在屏幕上飘动。

> 电子杂志广告：将广告加在电子杂志中发放给相关订阅人。广告形式多样化，例如旗帜广告、按钮广告、文字广告等。另外，如果使用图像广告的形式，图片的尺寸最好不要太大。

> 墙纸式广告：把广告内容体现在精美的墙纸上，供感兴趣的人进行下载。

> 电子邮件广告：体现在电子邮局网页上的广告，以及电子邮件底部的广告。

> 弹窗广告：又名"插页式广告"，在打开网页内容的同时打开一个新窗口显示广告。

> 全屏广告：网页显示前先显示一个流动的大型广告。

> 声音广告：在各种广告形式中加入声音，增强广告效果，加深受众印象。

> 画中画广告：画中画广告存在于某一类新闻中所有非图片新闻的页面，该广告将配合客户需要，链接至网站为客户量身定做的网页，大大增强广告的命中率。

> 定向广告：针对特定年龄性别等用户，投放客户产品广告，为客户找到精确的受众群。

> 全流量广告：广告主可以购买各频道某一时段全部的广告，从而加强广告在用户心目中的印象。

> 搜索引擎关键字广告：在搜索引擎输入关键字时出现的相关广告。

图 10—10   网易网站的广告

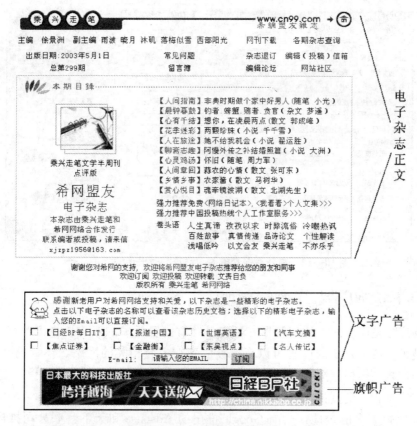

图 10—11　邮件列表广告

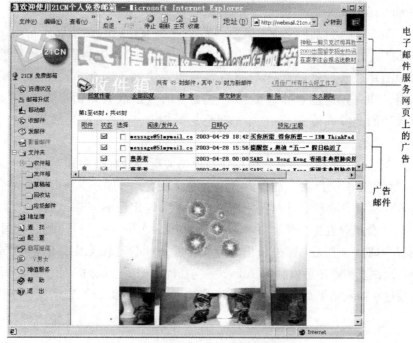

图 10—12　电子邮件广告

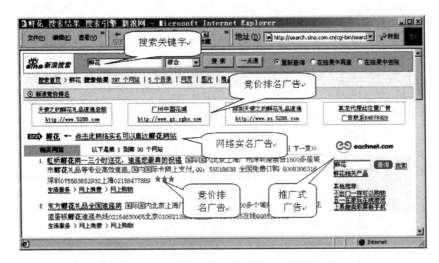

图 10—13 在新浪搜索键入"鲜花"时出现的相关广告

10.3.4 定向广告与 Google Adsense

定向广告是广告的一种特殊形式，它是针对内容相关的客户群推出的宣传。在新的广告技术支持下，定向广告可以直接投放到与内容相关的网络媒体上的文章周围，同时定向广告还会根据浏览者的偏好、使用习惯、地理位置、访问历史等信息，有针对性地将广告投放到真正感兴趣的浏览者面前。

目前比较著名的定向广告有 Google 推出的 Adsense 和天下互联公司推出的"窄告"。

1. Google Adsense

Google Adsense 可以让各种规模的网站发布商为它们的网站展示与网站内容相关的 Google 广告并获取收入。它可以自动投放根据网站内容逐页进行精确定位的文字广告和图片广告，这些广告与网站内容非常协调，因此，读者会发现它们确实非常有用。同时，这也意味着能够产生更多的点击次数，而每次点击又都能为你带来收入。因此发布商可以在充实网页的同时，通过网页为你带来经济效益。如图 10—14 所示。

Google Adsense 技术并不是只停留在简单的关键字匹配或类别匹配上。无论发布商网站的网页数量多么巨大，或者内容多么专业或宽泛，Google Adsense 都会努力理解网站内容，然后自动投放针对特定网页进行了精确定位的广告。内容发生变化时，Google 广告也会跟着发生变化。并且，由于 Google Adsense 广告还能够按国家/地区定位，所以全球性企业无需额外付出努力，即可针对不同地区展示不同的广告。

另外，网站发布商还可以利用 Adsense 向访问者提供 Google 网络搜索和网站搜索功能，并通过在搜索结果页上展示 Google 广告来获得收入。

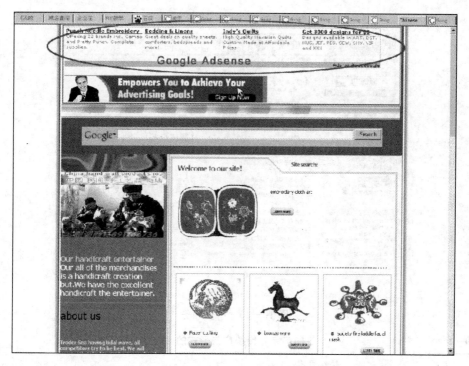

图 10—14　通过 Adsense 将 Google 广告客户群的广告投放到众多发布商网站上

2. 窄告

与 Google Adsense 相对应，国内企业也推出了类似的广告服务——"窄告"。"窄告"这种新型的网络广告模式，不仅适合于各行各业推广宣传品牌、产品等，也适合各种规格的网络广告发布商。

窄告以多种投放方式有机结合的方式，形成业界独有的广告推广模式：

● 按语义投放：通过对窄告与网站正文的内容进行语义分析，窄告投放到与之语义相匹配的正文周围，使得窄告与正文的内容具备相关性、延续性。具体位置可以因媒体不同而异，可以在正文两侧、上下方，也可以在正文中间。

● 按地区投放：网络没有时间与空间的区分，但窄告可以通过对访问者所在地域的判断，自动将窄告投放给指定的目标人群。

● 按访问者投放：系统可以根据访问者的访问历史，确定访问者的职业、兴趣、偏好等，然后通过这些特性，系统有针对性地为其展示适合的窄告。

● 全国性投放：只要在窄告联盟任意推广伙伴网站开设账户，定制窄告，就可以将窄告投放到所有的或者任何一家窄告联盟合作媒体上。

窄告的表现形式主要是文字链接与文字描述相结合的方式，用户可以通过窄告简洁的文字描述对窄告发布者形成整体认识，也可以点击文字链接，进入相应网站或页面进一步了解。如图 10—15 所示。

3. 定向广告与传统广告形式的比较

与传统的广告形式相比，定向广告具有较明显的优势，如表 10—1 所示。

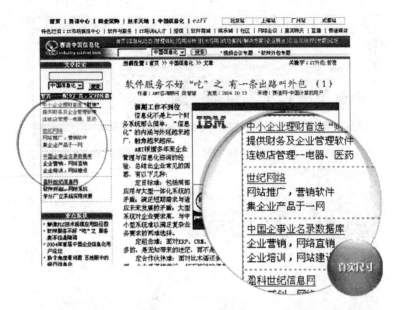

图 10—15　窄告服务

表 10—1 定向广告与传统广告形式的比较

类别	传统广告	定向广告
正文匹配	投放的内容和正文没有关系	与页面正文相关，保证了网页内容的延展性
文字描述	一般只有客户公司名称，没有相关描述	每条文字链后面附有企业描述
可控性	任何调整都需要经过发布媒体	任何设置由投放人自己设定、控制，当时可以生效
投放过程	投放过程很大程度取决于广告发布媒体，整个投放过程较长	由投放人自主投放，并且当时可以生效，过程很短
投资回报	费用昂贵，且受众中感兴趣的人所占比例小	投资回报率高，以浏览收费，且基本上能直接命中感兴趣的客户，投资回报率高
投放空间	可投放的空间有限	投放空间无限增大

10.3.5　搜索竞价排名与固定排名

竞价排名与固定排名都是针对搜索引擎的推广方式。如图 10—16 所示。

竞价排名是搜索引擎上的一种按效果付费的网络推广方式，用少量的投入就可以给企业带来大量潜在客户，有效提升企业销售额。企业在搜索引擎（如百度）上注册与产品相关的关键词后，企业就会被查找这些产品的客户找到。

竞价排名按照给企业带来的潜在客户访问数量计费，没有客户访问不计费。企业可以灵活控制网络推广投入，获得最大回报。

固定排名是广告在搜索结果页的固定位置出现，一般以包年的形式付费。例如，百度搜索引擎的右侧排名就是固定排名的实例。

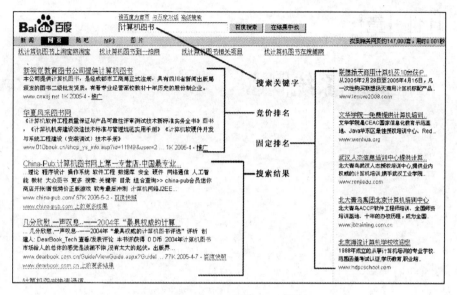

图 10—16 竞价排名与固定排名

10.4 思考与练习

1. 网站建设时需要考虑哪些主要因素？

2. 网站主要有哪些组成构件？

3. 网站建设时图片处理要注意哪些事项？

4. 网络推广有哪些方式？

5. 与传统广告相比，网络广告具有哪些优势？

6. 如果你有自己的网站（如博客），请从网上申请一个访问统计系统，进行一段时间统计后，对相关数据进行分析。

第 11 章

域名系统概述

要访问互联网上的资源，就需要输入一个网址。而在网址中最重要的部分，就是其中的域名。

本章简要地向读者介绍域名系统的一些知识。包括域名系统的分类、分级，域名的管理，域名的评价，域名的争议解决等。

11.1 域名的结构与分级

Internet 是由千百万台计算机构成的网络互联而成，为了区分这些计算机，人们给每台计算机都分配了一个专门的地址，称为 IP 地址。通过一个 IP 地址就可以访问到唯一的一台计算机。

IP 地址是由 32 位长度的二进制位构成的，即使转换为十进制的表示形式，仍然不方便记忆。例如，作者写作本章时中国人民大学网站的 IP 地址是：

11001010　01110000　01110000　11010100

转换为十进制表示法后为：

202.112.112.212

这样的地址是很不方便记忆的。

在 Internet 中，用户也可以用各种各样的方式来命名自己的计算机。例如，提供网页浏览服务的主机命名为 www，提供电子信箱服务的主机命名为 mail 等。

与 IP 地址相比，用有意义的字符串来标识 Internet 网上的计算机更方便、易记。

但是，仅仅用一个简单的名字来命名计算机，就可能会存在重名的情况。例如，中国人民大学的网站主机叫 www，北京大学的也叫 www。这样就不能唯一地标识计算机在 Internet 中的位置了。

为了避免网络中的计算机重名，Internet 管理机构采取了在主机名后加上后缀名的方法来进行区分。这个后缀名就是域名（Domain，Domain Name），可用它来标识主机的位置。

域名是通过向域名管理机构申请合法得到的，合法的域名注册人还可以自行分配若干子域名。

所有域名，最终还应转换为一个服务器的 IP 地址，以便浏览器能够实际访问到这个网页。而这种将域名转换为 IP 地址的工作，是由称为域名服务器（Domain Name Server，DNS）的设备来完成的。

例如，中国人民大学网站的网址是 http://www.ruc.edu.cn，其核心是域名 ruc.edu.cn，这是在中国教育和科研计算机网（edu.cn）下合法申请的注册域名，其中的域名主体是表示中国人民大学的 ruc（Renmin University of China），域名类型是代表中国教育领域的 edu.cn（而 edu.cn 又是在代表中国的 cn 下代表教育的二级分类）。而 www 是中国人民大学网络中心分配给学校网页的子域名。

在上面这个例子中，相关域名的级别为：

cn	顶级域名（一级域名），代表中国大陆分类，不是独立的域名。
edu.cn	二级域名，代表 CN 下的教育分类，为预设分类。
ruc.edu.cn	三级域名，为中国人民大学在中国教育和科研计算机网申请注册的独立域名，可以访问和使用。
www.ruc.edu.cn	四级域名，中国人民大学为该校网站分配的域名。
news.ruc.edu.cn	四级域名，中国人民大学为该校新闻中心网站分配的域名。

域名由多个部分组成，每部分由字母、数字、连字符"-"构成，各部分间由英文句点"."来分隔。每部分长度为 1～63 个字符，连字符"-"不能出现在第 1 个和最后 1 个位置。（包括汉字在内的多语种域名，其实质也是转换为符合上述规则的 punycode 编码。）

域名由几个部分构成就是几级域名。顶级域名是一个分类，不能独立使用。每级域名控制其下级域名的分配。

11.2 域名的分类

顶级域名由 ICANN（The Internet Corporation for Assigned Names and Numbers，互联网名称与数字地址分配机构）批准设立，它们由若干个英文字母构成。顶级域名又分为类别顶级域名和区域顶级域名两大类。

11.2.1 类别顶级域名

类别顶级域名（General Top Level Domain，gTLD，也称为通用顶级域名）原来有如下 7 个：

- ➢ .com：用于商业企业。
- ➢ .net：用于网络服务机构。
- ➢ .org：用于一般性组织。
- ➢ .edu：用于（美国）教育机构。
- ➢ .gov：用于（美国）政府机构。
- ➢ .mil：用于（美国）军事机构。
- ➢ .int：用于国际性组织和机构。

随着互联网向全球的拓展，目前其中的 .com、.net 和 .org 类别顶级域名向全球用户开放注册其下的二级域名，而 .edu、.gov 和 .mil 已经不再向美国以外的机构开放。

据统计，截至 2008 年上半年，全球域名注册总量已经达到 1.53 亿个。其中，.com 下的二级域名约 7 800 万个。

由于 Internet 的飞速发展，类别顶级域名下可注册的二级域名越来越少。因此，2000 年 11 月 15 日，ICANN 董事会批准增加下列 7 个顶级域名，并选定相应的运营商：

- ➢ .info：设计替代 .com 的类别域名，适用于提供信息服务的企业。
- ➢ .biz：设计替代 .com 的类别域名，适用于商业公司。
- ➢ .name：适用于个人的类别域名。
- ➢ .pro：适用于专业领域的类别域名。目前仅开放预设二级域名 .med.pro（执业医师）、.law.pro（执业律师）和 .cpa.pro（执业会计师）下的三级域名注册。
- ➢ .coop：适用于商业合作社的专用域名。
- ➢ .aero：适用于航空运输业的专用域名。
- ➢ .museum：适用于博物馆的专用域名。

之后几年，ICANN 陆续又批准了新增用于人力资源行业的".jobs"、用于旅游行业的".travel"、用于移动通信的".mobi"、用于固定通信的".tel"等多个新的顶级域名。

11.2.2 区域顶级域名

目前有 240 多个区域顶级域名（Country Code Top Level Domain，ccTLD，也称为国家和地区代码顶级域名），它们用两个字母缩写来表示国家和地区。例如，cn 代表中国大陆，uk 代表英国，hk 代表中国香港，tw 代表中国台湾，us 代表美国。

近年来批准的代表欧盟的 eu 和代表亚洲的 asia 顶级域名，既可看做是区域顶级域名，也可以看做是类别顶级域名。

并非所有的国家与地区顶级代码顶级域名都已投入使用，甚至有的国家至今还没有接入 Internet，但也分配了相应的区域顶级域名。有些区域顶级域名因字面含义特殊，可以转申为其他含义，而该地域的互联网服务并不发达（甚至没有），因此该域名被商业公司租用运营，转义后向公众推广，成为使用上的"类别"（通用）地域域名。

例如：

➣ cc 原为科科斯群岛（Cocos Islands）保留，现转义为"中国公司"（Chinese Company）或"商业公司"（Commercial Company）来推广。

➣ tv 原为太平洋岛国图瓦卢（Tuvalu）的区域域名，现在被转义为"电视"（TV）类别并进行推广。随着视频等互联网服务的普及，该类别下注册的域名增长速度很快。

➣ sh（St. Helena Island，圣海伦岛），现转义为"上海"（Shang Hai）来推广。

➣ ac（Ascension Island，阿松森岛），现转义为"学术"（Academic）来推广。

11.2.3　CN 域名

根据 ICANN 的分配，中国（大陆）的顶级域名是 CN，中国台湾的顶级域名是 TW，中国香港的顶级域名是 HK，中国澳门的顶级域名是 MO。

CN 域名的管理机构是中国工业与信息化部，工业与信息化部委托 CNNIC 和中国教育和科研计算机网（CERNET）负责 CN 域名的管理。

由于历史的原因，edu. cn 及下属域名的注册和管理放在中国教育和科研计算机网，其余的 CN 类域名均由 CNNIC 负责管理。截至 2008 年 12 月底，CN 下的英文域名（含二级和三级）注册量达到 1 357 万个，居全球区域域名注册量的首位。

我国的 CN 域名体系中各级域名可以由字母（A～Z，a～z，大小写等价）、数字（0～9）、连接符（-）或汉字组成，各级域名之间用实点（.）连接，中文域名的各级域名之间用实点或中文句号（。）连接。

我国互联网络域名体系在顶级域名"CN"之外暂设"中国"、"公司"和"网络"3 个中文顶级域名（中文域名稍后介绍）。

顶级域名 CN 之下，设置"类别域名"和"行政区域名"两类英文二级域名。其中，设置二级"类别域名"7 个，分别为：

➣ ac. cn：适用于科研机构。

➣ com. cn：适用于工业、商业、金融等企业。

➣ edu. cn：适用于中国的教育机构。

➣ gov. cn：适用于中国的政府机构。

➣ mil. cn：适用于中国的国防机构。

➣ net. cn：适用于提供互联网络服务的机构。

➣ org. cn：适用于非营利性的组织。

设置"行政区域名"34 个，适用于我国的各省、自治区、直辖市、特别行政区的组织，分别为：

➣ bj. cn：北京市　　　　　　　　　　➣ sh. cn：上海市

➣ tj. cn：天津市　　　　　　　　　　➣ hn. cn：湖南省

➣ cq. cn：重庆市　　　　　　　　　　➣ gd. cn：广东省

➣ he. cn：河北省　　　　　　　　　　➣ gx. cn：广西壮族自治区

➣ sx. cn：山西省　　　　　　　　　　➣ hi. cn：海南省

➣ nm. cn：内蒙古自治区　　　　　　　➣ sc. cn：四川省

- ln. cn：辽宁省
- jl. cn：吉林省
- hl. cn：黑龙江省
- js. cn：江苏省
- zj. cn：浙江省
- ah. cn：安徽省
- fj. cn：福建省
- jx. cn：江西省
- sd. cn：山东省
- ha. cn：河南省
- hb. cn：湖北省

- gz. cn：贵州省
- yn. cn：云南省
- xz. cn：西藏自治区
- sn. cn：陕西省
- gs. cn：甘肃省
- qh. cn：青海省
- nx. cn：宁夏回族自治区
- xj. cn：新疆维吾尔自治区
- tw. cn：台湾省
- hk. cn：香港特别行政区
- mo. cn：澳门特别行政区

可以在上述预设的二级类别域名或二级行政区域名下申请注册三级域名（如 sina. com. cn），也可以在顶级域名 CN 下直接申请注册二级域名（如 sina. cn）。

11.2.4　IDN 与中文域名

国际化域名（Internationalized Domain Names，IDN）也称多语种域名，是指非英语国家使用本国语言开设的域名系统的总称。例如，含有中文的域名为中文域名，含有日文的域名为日文域名，含有韩文的域名为韩文域名。而这些中文域名、日文域名、韩文域名都是 IDN 的一部分。

中文域名是 IDN 的最重要组成部分，符合 IETF（The Internet Engineering Task Force，互联网工程任务组）发布的多语种域名国际标准。可以对外提供 www、Email、ftp 等应用服务。中文域名至少需要含有一个中文文字。

用户可以选择中文、字母（A～Z，a～z，大小写等价）、数字（0～9）或符号（一）命名中文域名。

目前有"COM/NET/CN/HK/TW/中国"等多种类型的中文域名可供注册。

实际上，包括汉字域名在内的多语种域名，实质是转换为符合英文域名构成规则的 punycode 编码后使用的。

11.3　域名的注册与管理

在不侵犯他人权益的前提下，域名的注册一般实行先注先得的原则。由于域名资源是有限的，对于可能会被他人抢注的域名，应尽早注册保护，以免造成遗憾。

域名的注册实行年费制，即每年需要向域名注册机构交纳一定金额的费用。当然，一般情况下也可以一次性交纳多年的费用，以免每年续费的麻烦。

如果上一期年费到期后没有及时续费，该域名将会被从域名注册数据库中删除，重新开放给公众注册。

因此，企业各级相关领导和技术人员，一定要注意所属域名的续费问题。已经出现过多起知名企业的域名因未及时续费而被删除的事件，这些域名有些被别人重新注册和使用，使企业多年对网站的宣传成本化为乌有，从而造成重大损失。

11.3.1　国际域名的注册

我们常称 .com/.net/.org 下的二级域名为国际域名，它们主要是通过 ICANN 认证的域名注册商及其下级代理商进行注册。

目前，我国已经取得 ICANN 认证资格的域名注册商主要有：

- 中国万网（http://www.net.cn）
- 35 互联（中国频道）（http://www.35.com）
- 易名中国（http://www.ename.cn）
- 商务中国（http://www.bizcn.com）
- 新网（http://www.xinnet.com）
- 新网互联（http://www.dns.com.cn）
- 时代互联（http://www.now.cn）
- ……

上述注册商在国外还有众多的代理商。

11.3.2　CN 域名的注册和使用

CN 的下级域名（包括二级域名和三级域名）一般称为国内域名。这些域名的注册是通过 CNNIC 认证的域名注册商及其下级代理商进行的，但 edu.cn 下的三级域名由中国教育和科研计算机网负责注册、管理和域名数据库维护。

在上述预设二级类别域名中，mil.cn 是面向军事部门开设的域名，不向公众开放注册；gov.cn 是为政府部门开设的域名，需要凭相关政府部门的介绍信申请注册；edu.cn 是为教育网的接入单位开设的域名，相关教育机构需要向教育网（www.edu.cn）申请注册。其他各种类别域名、行政区域名及 CN 顶级域名，合法的注册人可以在 CNNIC 认证的注册商及其代理商处申请注册。

可以在 CN 预设的二级类别域名或二级行政区域名下申请注册三级域名（如 sina.com.cn），也可以在顶级域名 CN 下直接申请注册二级域名（如 sina.cn）。

下面我们以在易名中国注册 CN 域名为例来向大家介绍国内域名的注册方法。

访问注册商易名中国（网址 http://www.ename.cn），如图 11—1 所示。

点击左上角链接，登录会员区，显示会员区控制面板。

从左侧"域名管理→CN 英文域名管理→域名模版管理"建立或修改一个域名注册模板，如图 11—2 所示。

从左侧"域名注册→CN 英文域名注册"进入，在域名主体部分输入 domain2008、mydomain2008、domainbook、mydomainbook，选择 .com.cn 和 .cn 类型，按"查询是否可注册"按钮，得到查询结果如图 11—3 所示。

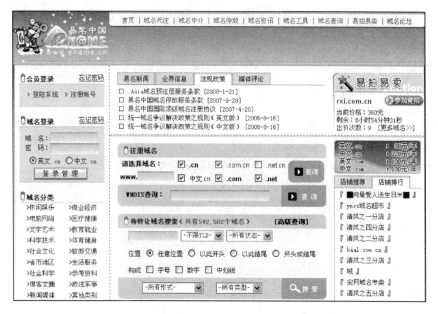

图 11—1 域名注册商易名中国（www. ename. cn）

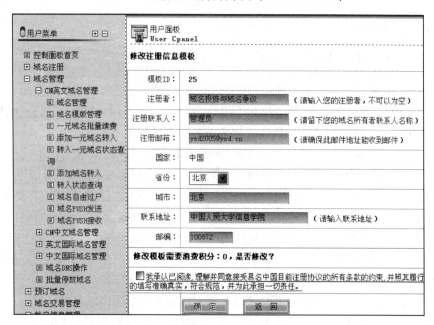

图 11—2 建立模块注册模板（填写注册人信息）

从中选择我们要注册的域名，填写相关选项和信息，阅读并同意"在线注册服务条款"，按下"确定"按钮，即可完成域名注册工作。

之后，从"域名管理→CN英文域名管理→域名管理"中就可以看到我们刚刚注册成功的域名，如图 11—4 所示，并可以进行 DNS 设置、域名解析、转发等操作了，如图 11—5 所示。

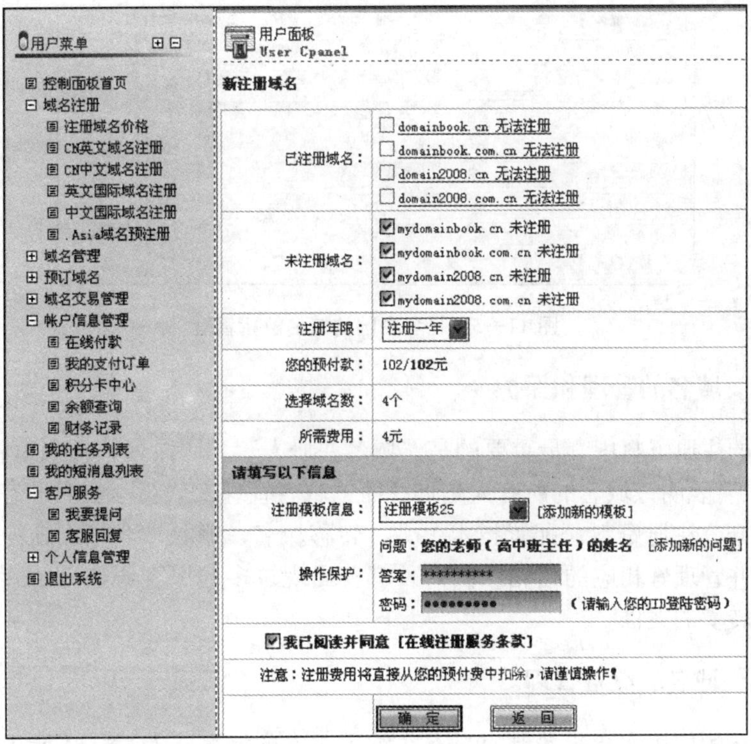

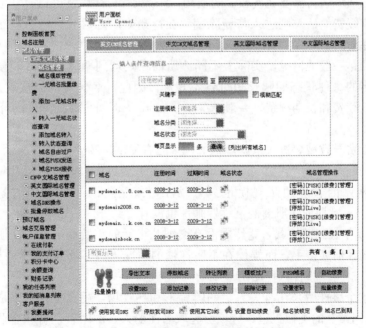

图 11—3　查询结果

图 11—4　可以管理刚注册成功的域名了

主机名	类型	IP地址/主机名	优先级	编辑	删除
	A	60.28.193.157	0	修改	删除
mail	A	210.51.188.7	0	修改	删除
mx	A	210.51.188.7	0	修改	删除
pop	A	210.51.188.7	0	修改	删除
smtp	A	210.51.188.7	0	修改	删除
www	CNAME	fw.ename.cn.	0	修改	删除
	MX	mx.kily.cn.	10	修改	删除
	A		0	新增一条	

图 11—5　易名中国的域名解析管理

11.3.3　域名的管理和保护

在域名的注册资料中，最重要的是"域名注册人"和"域名管理人信箱"这两项。"域名注册人"表明该域名的所有人是谁；而"域名管理人信箱"表明谁有权力管理该域名，包括修改注册资料、配置技术参数、转移域名、删除域名等。在注册时一定要核对正确，并管理好相应的信箱。国内外都曾出现过多起黑客通过破解管理信箱，从而盗窃域名转卖的案件。

11.3.4　域名的续费管理

注册域名的使用实行年费制，只有交纳了正常的域名年费后，才能正常地使用域名。如果域名到期后没有按时交纳费用（续费），一般会在到期后被暂停使用，并在一段时间内可以正常续费后使用。如果在宽限期过后仍没有续费，则域名将会进入赎回期，这时要取回域名将需要花费较高的费用，一般是正常续费价格的 10 倍左右。在赎回期内仍没有续费的话，则进入待删除期，在待删除期之后域名将会被删除，并开放给公众重新注册。

上面说的是一般的情况，实际上不同注册商在处理到期域名时可能会有不同的做法，每种域名的每种状态期限长短也各不相同。因此，最保险的做法就是按时续费，最好能够提前续费和长期续费。一般情况下，.com/.net 下的域名和 .cn 下的域名最长都可以续费 10 年。

不按时续费导致域名进入危险境地的例子时有发生。2000 年联想集团与 AOL 一起投巨资推出的门户网站"调频 365"（FM365.com）曾风光一时，之后几年随着互联网进入冬天，网站的管理团队规模也只好缩小，甚至连网站最重要的基础——域名 FM365.com——到期前注册商的催续费邮件也没有得到处理，导致这个于 1998 年注册 5 年并于 2003 年底到期的域名竟然因没有交纳几十元的年费而被域名注册管理机构删除，并被新的注册人接手，而媒体在不明详情的情况下做了不当报道，导致了一场所谓的域名被"劫持"事件（见图 11—6）。

当然，这个事件后来在有关人员的斡旋下和气收场，还算是一件幸事。但更多的"名站变黄色网站"的类似报道，应该引起域名注册人、网站管理者和企业领导的高度重视，不要因为几十元的续费而使针对网站的巨额投资和声誉受损。

图 11—6　巨额投资网站域名"遭劫"事件

11.4 域名价值评估

域名是互联网应用的基础设施，在网站的建设和推广中拥有基础的地位和重要的作用，域名是网站最重要的资源之一。本节我们先介绍域名对企业的重要性，再介绍如何评估域名的价值。

11.4.1　域名对企业的重要性

网站推广的目的就是为了让网民能够知道你的网站，能够访问你的网站，能够使用你的网站所推广的产品和服务。但网民仅仅知道网站名称是很不够的，最终还需要了解网站的域名，以便顺利地进行访问。

由此可见，好的域名对网站和企业的网络推广具有非常重要的作用。此外，我们还可以从以下几个方面来看待好域名对企业的作用。

1. 有利于树立良好的企业形象

对于一家致力于开拓全球和全国市场的企业来说，如果有一个简明、易记、与企业名称或形象相一致的域名作为网站的招牌，对企业的形象必然是大有帮助的。例如，世界著名企业微软公司的网站的域名就是 microsoft.com，IBM 公司的网站域名是 IBM.com。

2. 有利于产品和服务的推广

如果网站的域名与要推广的产品或服务的名称相同或相关，那么推广起来就会方便很多。

例如，如果想从 Internet 上了解微软和 IBM 公司的产品和服务，只要在浏览器的地址栏输入与这两家公司名称相对应的方便、易记的网址即可：

    http：//www.microsoft.com

    http：//www.ibm.com

而在上述网址中，其核心就是与企业名称相一致的域名。

企业在推广产品和服务时，如果介绍的内容比较多，步骤比较详细，可以考虑将详细的内容放在网站上，配上简明、易记的域名，使得客户能够访问网站了解相关信息。

3. 域名资源有限、唯一，先注先得

域名注册的原则一般是先注先得，后来者只能选用相对不理想的域名，或者高价购买目标域名。即使愿意出高价，有时也不一定能够买回需要的域名。

由于域名和商标都在各自的范畴内具有唯一性，随着 Internet 的发展，从企业树立形象的角度来看，域名又从某种意义上讲和商标有着内在的联系。因此，域名与商标有一定的共同特点。许多企业在选择域名时，往往希望用和自己企业商标一致的域名。但是，域名和商标相比又具有更强的唯一性。

例如，同样持有"Panda"（熊猫）注册商标的南京熊猫电子集团公司和北京日化二厂之间就出现过域名注册的冲突。按照域名注册的有关规定，两家公司都有权以 panda 为域名注册。但是 panda.com.cn 只有一个，在双方的域名申请都符合规定的情况下，域名注册机构按照"先注先得"的原则处理申请。北京日化二厂先申请了 panda.com.cn，而熊猫电子集团公司在北京日化二厂已注册成功并且网站已经开通后，才提交 panda.com.cn 域名的注册申请，其结果是熊猫电子集团公司无法以 panda.com.cn 作为自己网站的域名了。熊猫电子集团虽然仍旧可以卖熊猫品牌的电器，但是，无法让其用户通过 panda.com.cn 域名来访问企业网站，了解其产品和服务，这无疑是一个遗憾。[①]

4. 域名有价

域名资源的唯一性，使得好的域名成为稀缺资源，进而产生比域名注册费用更高的增值价值。

除了域名交易和域名投资外，域名的价值也逐步被人们所了解和认同。有些国家的商业银行甚至开展了域名抵押贷款业务。

11.4.2 域名价值评估要点

域名价值的高低，取决于很多因素。一般情况下，重点考虑域名类型、域名主体含义、域名主体长度。此外，还可以考虑域名的自然流量、PR 值、搜索引擎收录数、被链接的数量、相关域名建站情况、小键盘友好度、同类域名的市场价格等因素，进行综合评判，得出相对准确的结论。

---

① 可惜的是，北京日化二厂及其后续企业北京金鱼科技股份有限公司没有重视对其域名 panda.com.cn 的续费保护，导致该域名于 2003 年 7 月因欠费被删除并被他人重新注册，使其 5 年多的心血化为乌有。

1. 域名的类型

域名分类的初衷是为了让人们能够方便地通过域名的类型大致了解网站的类别。但在实际运用中，类别域名（通用域名）由于管理上没有区域的限制而得到了更广泛的应用。因此，一般情况下类别域名比区域域名的价值相对会更高些，但具体到某个区域内（例如国内），有些区域域名也会因得到广泛的使用而具有相当高的价值。

目前全球 1.5 亿[①]注册域名中，COM 域名占据其中一半的份额。这使得当初设计用于商业公司的 COM 域名受到全球各国、各行业的大力追捧，成为当之无愧的金牌类型，并且已经成为真正的"通用"域名。

在中国国内，由于 CN 域名的注册量已经超过千万[②]，在国内有着比其他域名更广泛的应用，因此，CN 域名的主流 .cn 二级域名和 .com.cn 三级域名在国内也拥有了银牌域名的地位，总体价值远超过除 COM 外的其他域名类型。

在其他域名类型中，ORG 域名和 .org.cn 域名被一些非营利机构所认同。TV 域名虽然原是为岛国图瓦卢分配的类型，但随着互联网视频应用的普及，越来越多的视频网站选择使用 TV 域名。

2. 域名主体的意义

如果域名的主体拥有某种含义，或者具有诸如吉祥数字、叠字等组合，则容易被网民记住。如果域名主体的字面具有某个行业、领域、产品、服务等相关的含义，则在相关领域中进行推广时更具有精准的优势。甚至有不少网民会自觉地输入相关域名来尝试访问相关领域的网站，使得这类域名能够带来最有价值的客流。同时，搜索引擎在对搜索结果排序时越来越注重搜索关键词与网站名称的关系，拥有与搜索关键词相同和相近字面的域名的网站其排名结果一般会比较靠前（见图 11—7）。

图 11—7　域名主体含义可以明显提升网站的推广效果

---

① 截至 2008 年 6 月统计的数据。

② 据中国互联网络信息中心 2008 年 12 月底的数据统计，CN 域名注册总量已经达到 1 357 万个，其中 CN 二级域名注册量为 887 万个，.com.cn 三级域名的注册量为 363 万个。

具体来说，我们认为如果域名的主体具有以下含义，就表明它具有相当大的价值。在这里，"精准"是关键字域名的核心意义。

> 有意义的单词、拼音。

> 行业、领域、产品、服务、地域等应用面较广的通用词。

> 吉利数字、易记域名（如叠字）。

自有商标、品牌、字号、产品名称、服务名称等亦有价值。其拼音如果简短易记，则也是不错的选择。但如果过长或者容易拼错，则不应作为主域名进行推广。例如，作家出版社网站的域名 zuojiachubanshe.com 虽然是其名称"作家出版社"的拼音，但因其中的"作"（zuo）、"出"（chu）、"社"（she）三个字涉及是否有舌音的选择，不少南方人可能会拼错，因此并非好的主域名选择。

与他人独创性标识相关的域名容易涉及知识产权的权益问题，如果没有合理的注册和使用理由，最好不要注册，以免侵权并引发争议。

3. 域名主体的长度

域名主体越短，其价值越高。因为较短的域名更方便记忆和拼写，也就更易于推广。

另一方面，从域名投资的角度来说，较短的域名总体数量较少，因而更容易升值。

1 位长度的主体，算上字母和数字，总共只有 36 个。物以稀为贵，这样的域名是可遇而不可求的，其市场价值上升极快。例如，单字母的 CN 二级域名，在 2005 年底时市场价格在 10 万元人民币以下，2006 年则达到 30 万元～50 万元人民币，而 2007 年后百万元人民币也很难购买到这样一个域名。

2 位长度的域名，纯字母的只有 676 个，纯数字的只有 100 个。以 CN 域名为例，在 676 个纯字母的 CN 二级域名中，近半数的域名因技术原因（用于行政区二级域名设置及因与其他区域顶级域名相同）而被保留，能够使用的域名中大部分已建站，能够注册的 2 位长度的 CN 二级域名不足百个，近三年来的价格也从万元左右、3 万元～5 万元上升至现在的 10 万元以上，部分品相好的域名其价值更达到均价的数倍至十倍。

3 位长度的域名，以纯字母和纯数字的为好，其总数量虽然分别达到 17 576 个和 1 000 个，但由于易记忆和大部分已经建站，其升值速度也是相当的惊人。两年多前还能以几十元自然注册的 3 位长度的 CN 二级域名，现在没有数千元已经拿不下来了。

4. 域名自然流量

域名的技术设计是为了方便引导网民上网，因此，如果一个域名能够自发地带来访问者，则其价值是不言而喻的。

域名的自然流量，有先天和后天之分。一般而言，先天流量稳定、持久，而后天流量具有爆发性，但不易持久。具体分析如下：

> 由域名主体字面含义带来的自发输入流量，属先天流量，这类流量最稳定，也最有价值。这样的流量，如果网站内容和服务与其自发输入域名时的意愿相符，则非常有可能转换为长期流量和潜在客户。

➢ 由于拼写错误而误输入的 typo 流量（傍站流量）。例如，本来想输入 sohu，结果输成了 souhu。从统计的角度来说，这类拼写错误的概率一般会有一个稳定区间，因此这类域名的流量较稳定，但能否转为长期流量则要看该域名所建网站与所傍网站内容是否相符。此外，此类域名的价值还与所傍网站的价值有关。

反过来考虑，如果一个网站的域名很容易输错，则其流量会有相当一部分长期外流，这样的域名选择就是有问题的。如图 11—8 和图 11—9 所示，哪个"搜房"网站是你输入网址时计划访问的呢？

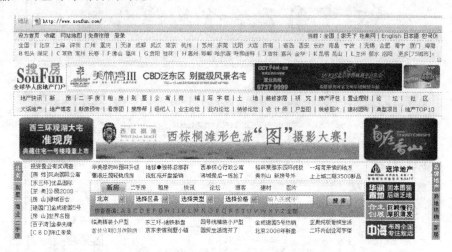

图 11—8 域名为 soufun. com 的"搜房"网

图 11—9 域名为 sofang. com 和 sofang. com. cn 的"搜房"网

➢ 过期删除域名的流量。这取决于该域名原来是否建过网站。如果以前建过网站的话，那么短期内原来的流量会跟随这个域名转到新的目标。但这个流量并不稳定，来访者发现目标网站并非他所计划要访问的网站后，一般也不太会再来访问。原来网站在搜索引擎中被收录的页面，由于新的内容发生了变化而会被搜索引擎逐步删除，这样从搜索引擎带来的流量也会逐步减少。只有原来在其他网站上加上的链接可能不会被大规模删除，这部分流量可能会长期存在。

可以通过以下这些专门保存历史网页的网站查询某个域名以前是否建设过网站。如图 11—10～图 11—13 所示。

http://www.infomall.cn

http://www.archive.org

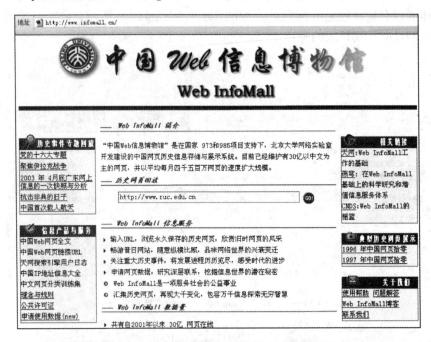

图 11—10　中国 Web 信息博物馆（www.infomall.cn）

图 11—11　www.archive.org 自 1996 年以来保存了大量的网站历史页面

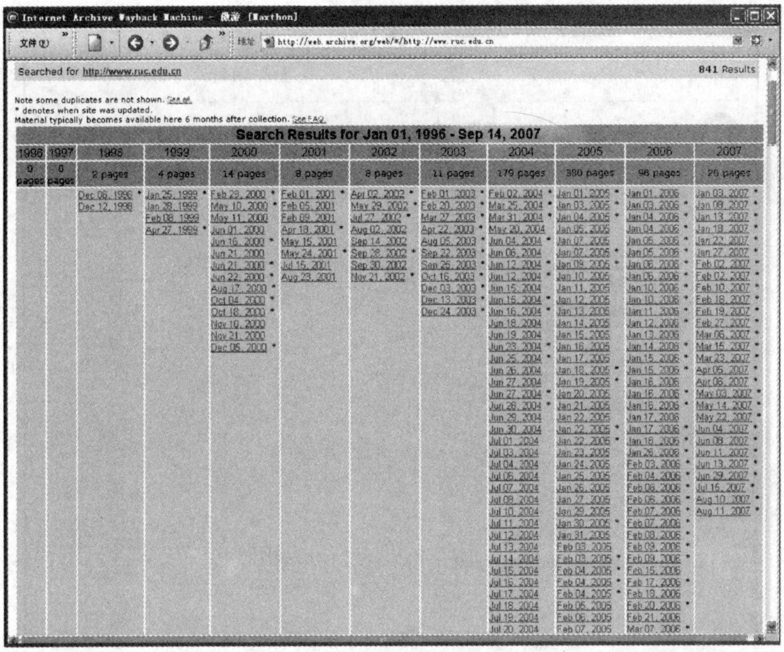

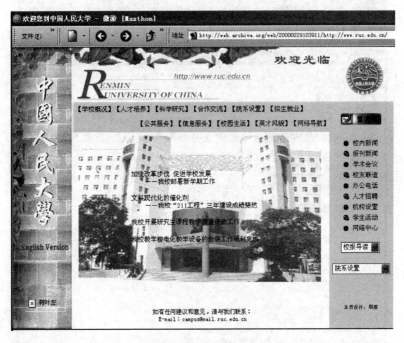

图 11—12　archive. org 自 1997 年以来保存的中国人民大学网站页面

图 11—13　2000 年 2 月 29 日中国人民大学网站首页（archive. org 记录）

可以通过 Alexa 网站或 Google、百度等搜索引擎等查询链接该域名的网页数量，如图 11—14 和图 11—15 所示。链接的网页越多，也就意味着可能有更多的人会通过该链接访问该域名，因此价值越高。

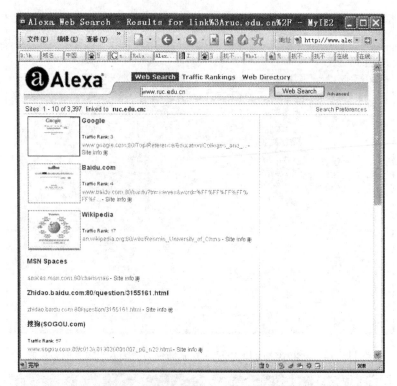

图 11—14　通过 Alexa. com 网站查询链接到某域名的网页数量

图 11—15　通过搜索引擎查找链接到某域名的网页数量

通过主流搜索引擎查询收录原网站的页面数量，如图 11—16 所示。这个数量越大，可能带来的流量就越多。不过，收录的网页数可能会随着搜索引擎对数据的更新而变化。如果重新注册域名后不尽快使用起来，则搜索引擎可能会因搜索不到相关的网页而大幅减少收录数。

图 11—16　从搜索引擎查找收录某网站（域名）网页的数量

5. 域名的 PR 值

PR 值全称为 PageRank 值，是 Google 用于评测一个网页重要程度的一项指标，其值在 0 至 10 之间。通过对包括 PageRank 值在内的多项指标综合计算后，Google 对搜索结果页面排出显示的先后顺序。如果域名的 PR 值较高，则使用该域名的网站有机会在搜索引擎的搜索结果中排列到较好的位置。因此，PR 值越高，域名的价值也越高。

可以到网站 http://rankwhere.com 查阅某网站或域名的 PR 值，如图 11—17 所示。如果 PR 值达到 4 以上，就可以视为不错的评价。

6. 相关域名注册和建站情况

如果一个域名有很多相关域名（包括相同主体的其他类型域名和相近主体的各种域名）都被注册或者建立了网站，则很可能会有人对该域名感兴趣，从投资的角度来说，这样的域名也是有价值的。

同一域名主体的被注册的其他类型域名习惯上称为"尾巴"。尾巴越多，其价值越高。域名的尾巴可以通过各注册商网站查询。由于域名类型众多，我们一般只考虑主流的域名类型，例如 .com、.net、.org、.cn、.com.cn、.net.cn、.info、.biz、.edu，等等，如图 11—18 所示。

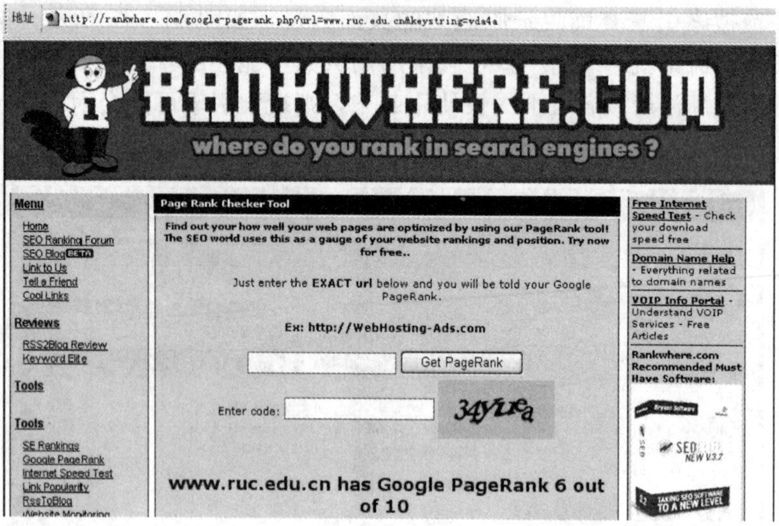

图 11—17 可以在 **rankwhere. com** 网站查阅网站或域名的 **PR** 值

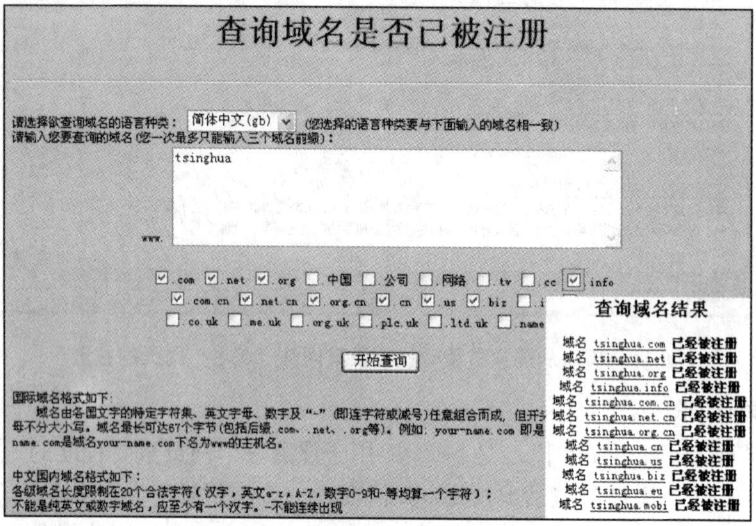

图 11—18 从注册商网站查询域名尾巴

查出域名尾巴后，还可以通过前述的历史网页存档网站查询这些尾巴的建站情况。

7. 小键盘友好域名

我们来看两组符号，一组是字母"google"，一组是数字"466453"，它们看上去毫无关系。但是，如果再摆上一个常用的手机键盘（见图 11—19），就可以发现它们的联系了。其实"466453"就是"google"在手机键盘上的键位。很显然，在这样的手机键盘上输入"google"比输入"466453"复杂得多。因此，如果一个网站的手机版同时提供一组相同键位的数字域名，则访问起来就会方便快捷得多。

即使是纯字母的域名在手机上输入，不同的组合也是有不同效率的。由于手机键盘键位较少，一个键位上通常放置多个字母，排在第 1 位的直接按下就可以输入，排在第 2 位的需快速连按两下输入，排第 3 位的要连按三下，排第 4 位的要连按四下。如果

图 11—19 小键盘友好域名更便于手机输入

一个域名是由按键较少的字母构成的，显然会比按键较多的字母构成的域名更易于在手机或其他小键盘上输入。WAP、PDA 就是这样的极品域名主体。

这样的域名，我们都称为"小键盘友好域名"，它们更便于手机用户的访问，因而具有更高的价值。

8. 其他考虑

在评估域名价值时，还有其他一些情况需要考虑。例如，域名中比较忌讳数字与字母混合（所谓"杂米"）、全称与缩写的混合、拼音与英文单词的拼合、5 位以上的无规律不易记域名等。

连字符（-）是可以作为域名的一部分存在的，是否使用视具体情况而定。运用得好是画龙点睛，运用得不好则可能是画蛇添足了。

9. 中文域名的价值

2000 年时 CN/COM/NET/CC 等顶级域名就推出中文域名，但一直以来由于标准不统一而没有得到广泛的应用。随着 IDN 标准的统一及支持 IDN 的浏览器版本更新，中文域名正在陆续得到应用，其价值正在被逐步认可和回归。相信不会太久，使用中文域名作为主站名的网站会陆续出现，并占据一定的市场份额。

11.5 域名争议概述

多方权益主体对域名主张权益，就构成了域名争议。

任何人认为他人注册的域名侵害了他的权益，都可以向域名注册管理机构指定的域名争议解决中心投诉，通过域名争议渠道进行解决，也可以通过向人民法院提起诉讼，或向仲裁庭提请仲裁来进行。

通过域名争议解决中心解决域名争议的特点是快速、简捷、书面审理、一般不开庭，审理结果是非终局的。在投诉人提出投诉之前，争议解决程序进行中，或者专家组作出裁决后，投诉人或者被投诉人均可以就同一争议向法院提起诉讼，或者基于协议提请仲裁机构仲裁。

而通过诉讼或仲裁的方式来解决域名权益争端，其特点是需开庭审理、审理更细致、审理时间长，审理结果是终局的。

11.5.1 域名争议审理依据的法规

选择不同的域名争议解决方式，其依据的法规有所不同。

如果选择通过域名争议解决中心来解决域名争议，而且争议域名是 CN 域名的，则依据的是《中国互联网络信息中心域名争议解决办法》、《中国互联网络信息中心域名争议解决办法程序规则》及由域名争议解决中心出台的《补充规则》。

如果选择通过域名争议解决中心来解决域名争议，而且争议域名是 COM/NET/ORG 等国际域名的，则依据的是由 ICANN 通过的《统一域名争议解决政策》、《统一域名争议解决政策之程序规则》及由域名争议解决中心（如世界知识产权组织、亚洲域名争议解决中心等）出台的《补充规则》。

如果选择通过法院诉讼的方式来解决域名争端，则依据的法规一般包括《中华人民共和国民法通则》、《中华人民共和国反不正当竞争法》、《中华人民共和国民事诉讼法》、《中国互联网络域名管理办法》、《最高人民法院关于审理涉及计算机网络域名民事纠纷案件适用法律若干问题的解释》等。

11.5.2 域名争议解决机构

ICANN 指定的国际域名争议解决机构包括：

➤ 世界知识产权组织（World Intellectual Property Organization，WIPO）：http://arbiter.wipo.int/domains/

➤ 亚洲域名争议解决中心：http://www.adndrc.org （见图 11—20）

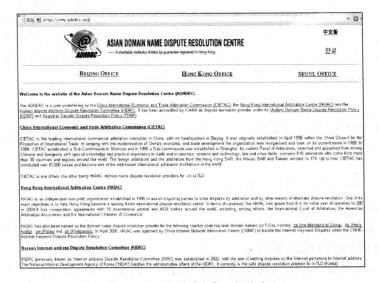

图 11—20 亚洲域名争议解决中心

➤ The National Arbitration Forum（NAF）：http://domains.adrforum.com/

➤ eResolution：http://www.eresolution.ca/services/dnd/arb.htm

➢ Institute for Dispute Resolution（CPR）：http://www.cpradr.org/ICANN_Menu.htm

中国互联网络信息中心指定了以下域名争议解决机构来解决 CN 域名争议：

➢ 中国国际经济贸易仲裁委员会域名争议解决中心：http://www.odr.org.cn（见图 11—21）

➢ 香港国际仲裁中心.cn 域名争议解决网站：http://dn.hkiac.org/cn

图 11—21 中国国际经济贸易仲裁委员会域名争议解决中心网站

11.5.3 域名争议审理原则

通过不同的途径解决不同类型域名的争议，审理时依据的原则其实质上是大同小异的。核心为需要同时满足以下三点条件时支持投诉方（起诉方）的请求：

➢ 投诉人对域名主体拥有权益；

➢ 现注册人对域名主体没有权益；

➢ 注册人注册和使用域名时有恶意。

以下根据不同情况分别做简要说明。

1. CN 域名争议解决机构审理原则

根据《中国互联网络信息中心域名争议解决办法》第八条，符合下列条件的，投诉应当得到支持：

（1）被投诉的域名与投诉人享有民事权益的名称或者标志相同，或者具有足以导致混淆的近似性；

（2）被投诉的域名持有人对域名或者其主要部分不享有合法权益；

（3）被投诉的域名持有人对域名的注册或者使用具有恶意。

其中关于注册或者使用域名具有恶意的认定在第九条中给予了明确规定：被投诉的域名持有人具有下列情形之一的，其行为构成恶意注册或者使用域名：

（1）注册或受让域名的目的是为了向作为民事权益所有人的投诉人或其竞争对手出售、出租或者以其他方式转让该域名，以获取不正当利益；

（2）多次将他人享有合法权益的名称或者标志注册为自己的域名，以阻止他人以域名的形式在互联网上使用其享有合法权益的名称或者标志；

（3）注册或者受让域名是为了损害投诉人的声誉，破坏投诉人正常的业务活动，或者混淆与投诉人之间的区别，误导公众；

（4）其他恶意的情形。

为了保护域名注册人的合法权益，在第十条中明确规定：被投诉人在接到争议解决机构送达的投诉书之前具有下列情形之一的，表明其对该域名享有合法权益：

（1）被投诉人在提供商品或服务的过程中已善意地使用该域名或与该域名相对应的名称；

（2）被投诉人虽未获得商品商标或有关服务商标，但所持有的域名已经获得一定的知名度；

（3）被投诉人合理地使用或非商业性地合法使用该域名，不存在为获取商业利益而误导消费者的意图。

此外，为了体现域名争议解决途径的快速、便捷原则，在《中国互联网络信息中心域名争议解决办法》第二条中约定：所争议域名注册期限满两年的，域名争议解决机构不予受理。这种情况下，争议人还可以通过诉讼或仲裁的途径解决域名争议。

2．CN 域名法院诉讼审理原则

根据《最高人民法院关于审理涉及计算机网络域名民事纠纷案件适用法律若干问题的解释》，为了正确审理涉及计算机网络域名注册、使用等行为的民事纠纷案件，根据《中华人民共和国民法通则》、《中华人民共和国反不正当竞争法》和《中华人民共和国民事诉讼法》等法律的规定，对法院审理域名诉讼的原则有如下解释：

➢ 涉及域名的侵权纠纷案件，由侵权行为地或者被告住所地的中级人民法院管辖。

➢ 对符合以下各项条件的，应当认定被告注册、使用域名等行为构成侵权或者不正当竞争：

（1）原告请求保护的民事权益合法有效。

（2）被告域名或其主要部分构成对原告驰名商标的复制、模仿、翻译或音译；或者与原告的注册商标、域名等相同或近似，足以造成相关公众的误认。

（3）被告对该域名或其主要部分不享有权益，也无注册、使用该域名的正当理由。

（4）被告对该域名的注册、使用具有恶意。

➢ 被告的行为被证明具有下列情形之一的，人民法院应当认定其具有恶意：

（1）为商业目的将他人驰名商标注册为域名的；

（2）为商业目的注册、使用与原告的注册商标、域名等相同或近似的域名，故意造成与原告提供的产品、服务或者原告网站的混淆，误导网络用户访问其网站或其他在线站点的；

 （3）曾要约高价出售、出租或者以其他方式转让该域名以获取不正当利益的；

 （4）注册域名后自己并不使用也未准备使用，而有意阻止权利人注册该域名的；

 （5）具有其他恶意情形的。

 ➢ 被告举证证明在纠纷发生前其所持有的域名已经获得一定的知名度，且能与原告的注册商标、域名等相区别，或者具有其他情形足以证明其不具有恶意的，人民法院可以不认定被告具有恶意。

 ➢ 人民法院审理域名纠纷案件，根据当事人的请求以及案件的具体情况，可以对涉及的注册商标是否驰名依法做出认定。

 ➢ 人民法院认定域名注册、使用等行为构成侵权或者不正当竞争的，可以判令被告停止侵权、注销域名，或者依原告的请求判令由原告注册使用该域名；给权利人造成实际损害的，可以判令被告赔偿损失。

 与通过域名争议解决机构来解决域名争议相比，通过诉讼方式来解决域名纠纷的方式有以下特点：

 ➢ 审理时间长，审理更细致，审理结果更精确。

 ➢ 没有域名注册时间超过两年就不受理的限制。

 ➢ 可以对涉案商标做出是否驰名的认定。（司法实践中，已经有不少商标是通过域名纠纷案件认定为驰名商标的。）

 ➢ 侵权行为如果给权利人造成实际损害的，可以判令被告赔偿损失。

 3. 国际域名争议解决审理原则

 对于 COM/NET/ORG 等国际域名涉及的争议，根据 ICANN 发布的《统一域名争议解决政策》规定，一旦投诉人根据《统一域名争议解决政策之规则》向争议解决机构提出如下主张时，注册人有义务加入该强制性的行政程序：

 （1）注册人域名与投诉人享有权利的商品商标或服务商标相同或混淆性相似；

 （2）注册人对该域名并不享有权利或合法利益；

 （3）注册人对该域名的注册和使用具有恶意。

 投诉人在行政程序中必须举证证明以上三种情形同时具备。

 针对上述关于恶意的认定问题，如果经专家组发现确实存在如下情形，则构成恶意注册和使用域名的证据：

 （1）注册人注册或获取域名的主要目的是为了向作为商品商标或服务商标所有人的投诉人或其竞争对手出售、出租或转让域名，以获取直接与域名注册相关费用之外的额外收益；

 （2）注册人注册行为本身即表明，注册人注册该域名的目的是为了阻止商品商标和服务商标的所有人以相应的域名反映其上述商标；

 （3）注册人注册域名的主要目的是为了破坏竞争对手的正常业务；

 （4）以使用域名的手段，为商业利益目的，注册人通过制造注册人网站或网址上所出售的商品或提供的服务与投诉人商标之间在来源者、赞助者、附属者或保证者方面的混淆，故意引诱网络用户访问注册人网站或其他联机地址。

如经专家组在对所提交的证据进行全面认定的基础上得以证实确实存在如下情形，则表明注册人对该域名拥有权利或合法利益：

（1）在接到有关争议通知之前，注册人在提供商品或服务的过程中已善意地使用或可证明准备善意地使用该域名或与该域名相对应的名称；

（2）注册人（作为个人、商业公司或其他组织）虽未获得商品商标或有关服务商标，但因所持有的域名业已广为人知；

（3）注册人正非商业性地合法使用或合理地使用该域名，不存有为获取商业利益而误导消费者或玷污争议商品商标或服务商标之意图。

11.5.4　域名争议审理流程

通过域名争议解决机构来审理 CN 域名争议的流程如图 11—22 所示。其他类型域名的争议解决流程与此类似。具体过程不在此详述了。

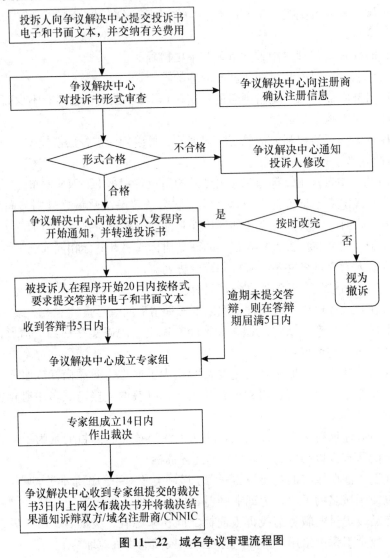

图 11—22　域名争议审理流程图

11.5.5 权益的主张

在域名争议的过程中，对权益的主张是非常重要的一个环节，因此，作为争议的双方都有必要了解有哪些权益是可以主张的。

对于投诉人来说，可以考虑通过以下方式来对域名主体主张相同或相似的权益：

➢ 注册商标
➢ 企业字号
➢ 组织名称
➢ 产品名称
➢ 服务名称
➢ 活动名称
➢ 著作权
➢ 其他合法权益

对于被投诉人来说，同样可以通过上述途径来主张自己的权益。此外，《中国互联网络信息中心域名争议解决办法》中还规定了被投诉人在接到争议解决机构送达的投诉书之前具有下列情形之一的，表明其对该域名享有合法权益：

➢ 被投诉人在提供商品或服务的过程中已善意地使用该域名或与该域名相对应的名称；

➢ 被投诉人虽未获得商品商标或有关服务商标，但所持有的域名已经获得一定的知名度；

➢ 被投诉人合理地使用或非商业性地合法使用该域名，不存在为获取商业利益而误导消费者的意图。

11.5.6 恶意的辨析

在域名争议审理的过程中，除了双方权益的主张外，恶意的认定也是一个非常重要的因素。投诉人要通过证明被投诉人的恶意，以便取得投诉的胜利；被投诉人一方面要驳斥投诉书中对己方的恶意认定条款，另一方面也可以通过举证投诉人的恶意来反击。

在域名争议解决办法中，阐述了被投诉的域名持有人具有下列情形之一的，其行为构成恶意注册或者使用域名：

➢ 注册或受让域名的目的是为了向作为民事权益所有人的投诉人或其竞争对手出售、出租或者以其他方式转让该域名，以获取不正当利益；

➢ 多次将他人享有合法权益的名称或者标志注册为自己的域名，以阻止他人以域名的形式在互联网上使用其享有合法权益的名称或者标志；

➢ 注册或者受让域名是为了损害投诉人的声誉，破坏投诉人正常的业务活动，或者混淆与投诉人之间的区别，误导公众；

➢ 其他恶意的情形。

对于被投诉人来说，可以考虑通过以下形式来证明投诉人的恶意：

➤ 投诉权的滥用。无中生有，牵强附会，滥用投诉权其实也是一种恶意，应当在裁决书中给予认定和谴责。

➤ 反向域名侵夺。所谓反向域名侵夺是指投诉人恶意地利用域名争议政策中的有关规定，以企图剥夺注册域名持有人持有域名的行为。

11.6 思考与练习

1. 简述域名系统的工作流程，并举例说明。

2. 域名的结构是什么样的？什么是顶级域名、二级域名、三级域名？什么是通用顶级域名、区域顶级域名？

3. 试查阅新浪、百度、网易及你所在学校网站域名的注册信息（whois）。

4. 你所在学校网站、你学院的网站、你经常访问的网站的域名是几级域名？

5. 如何评估域名的价值？

6. 从 CNNIC 网站查阅并分析过期待删除域名的数据，找出其中较有价值的域名。

7. 写出以下图标所代表的组织名称：

8. 域名争议的审理原则是什么？

9. 从 CN 域名争议解决网站查阅一些案例，理解投诉双方的诉、辩思路，以及审理专家的审理思路。能否找到你不同意专家审理意见的案件？

第 12 章

HTML 基础

Internet 上众多网页的基础，是 HTML 语言。HTML 为英文 Hyper Text Markup Language（超文本标记语言）的缩写，属于一种标记控制语言。所谓标记控制语言[1]，即在源文件中插入排版控制标记（命令），通过专门的解析器解析后显示和打印排版后的效果。所谓超文本，就是 HTML 语言文件经解析后的结果除了文本外，还可以表现图形、图像、音频、视频、链接等非文本要素。

HTML 语言的解析器主要为网页浏览器，例如微软公司出品的 Internet Explorer 等。

例如，图 12—1 为新浪网新闻频道，而图 12—2 为该页面的 HTML 语言源代码。后者通过浏览器的解析，即可显示前者丰富多彩的网页效果。

图 12—1　新浪网新闻频道

---

① 另一种主流的排版系统是所见即所得排版系统（如 Microsoft Word）。在该类系统中，只要在屏幕上选择期望的排版效果，即可在屏幕上显示出来和打印出来。

```
<!DOCTYPE html PUBLIC "-//W3C//DTD XHTML 1.0 Transitional//EN"
"http://www.w3.org/TR/xhtml1/DTD/xhtml11-transitional.dtd">
<!--[1,449,1] published at 2009-02-04 22:34:23 from #194 by system-->
<html xmlns="http://www.w3.org/1999/xhtml">
<head>
<meta http-equiv="Content-Type" content="text/html; charset=gb2312" />
<title>新闻中心首页_新浪网</title>
<meta name="keywords" content="新闻,时事,时政,国际,国内,社会,法治,聚焦,评论,文化,教育
,新视点,深度,网评,专题,环球,传播,论坛,图片,军事,焦点,排行,环保,校园,法治,奇闻,真情">
<meta name="description" content="新浪网新闻中心是新浪网最重要的频道之一,24小时滚动
报道国内、国际及社会新闻。每日编发新闻数以万计。">
<meta http-equiv="X-UA-Compatible" content="IE=EmulateIE7" />
<link rel="alternate" type="application/rss+xml"
href="http://rss.sina.com.cn/news/marquee/ddt.xml" title="新闻中心_新浪网" />
<meta name="stencil" content="PGLS000023">
<meta name="publishid" content="1,449,1">
<meta name="verify-v1" content="6HtwmypggdgP1NLw7NOuQBI2TW8+CfkYCoyeB8IDbn8=" />
<script type="text/javascript"
src="http://i3.sinaimg.cn/home/sinaflash.js"></script>

<style type="text/css">
<!--
body,ul,ol,li,p,h1,h2,h3,h4,h5,h6,table,td,th,form,fieldset,img,dl,dt,dd
{margin:0;padding:0;}
```

图 12—2   新浪网新闻频道的 HTML 语言源码

12.1 HTML 文件编辑器

虽然 HTML 能够表现超文本形式的内容，但其文件本身却是文本格式的。因此，需要用支持文本格式的编辑器来进行编辑。简单的 HTML 文件编辑，使用 Windows 系统自带的记事本（Notepad）文本编辑器即可，如图 12—3 所示。

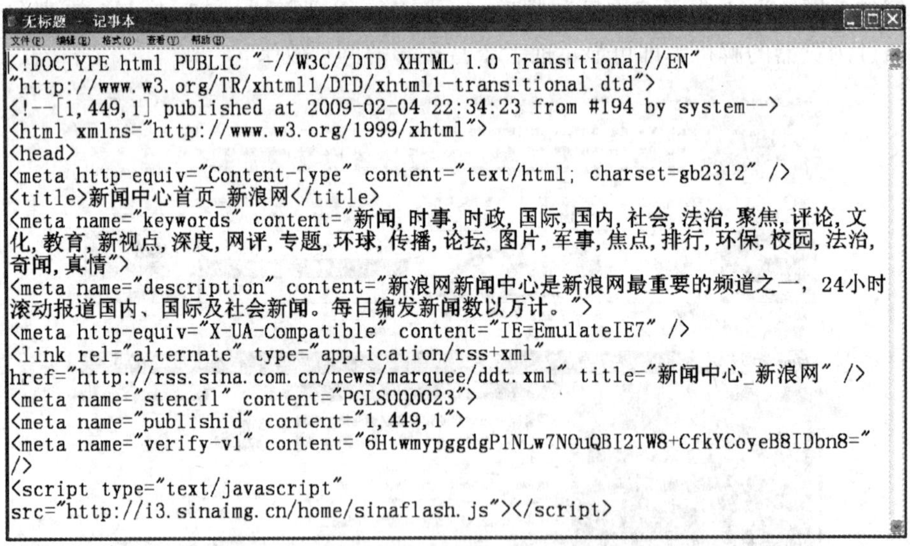

```
无标题 - 记事本
文件(F) 编辑(E) 格式(O) 查看(V) 帮助(H)
<!DOCTYPE html PUBLIC "-//W3C//DTD XHTML 1.0 Transitional//EN"
"http://www.w3.org/TR/xhtml1/DTD/xhtml11-transitional.dtd">
<!--[1,449,1] published at 2009-02-04 22:34:23 from #194 by system-->
<html xmlns="http://www.w3.org/1999/xhtml">
<head>
<meta http-equiv="Content-Type" content="text/html; charset=gb2312" />
<title>新闻中心首页_新浪网</title>
<meta name="keywords" content="新闻,时事,时政,国际,国内,社会,法治,聚焦,评论,文
化,教育,新视点,深度,网评,专题,环球,传播,论坛,图片,军事,焦点,排行,环保,校园,法治,
奇闻,真情">
<meta name="description" content="新浪网新闻中心是新浪网最重要的频道之一,24小时
滚动报道国内、国际及社会新闻。每日编发新闻数以万计。">
<meta http-equiv="X-UA-Compatible" content="IE=EmulateIE7" />
<link rel="alternate" type="application/rss+xml"
href="http://rss.sina.com.cn/news/marquee/ddt.xml" title="新闻中心_新浪网" />
<meta name="stencil" content="PGLS000023">
<meta name="publishid" content="1,449,1">
<meta name="verify-v1" content="6HtwmypggdgP1NLw7NOuQBI2TW8+CfkYCoyeB8IDbn8="
/>
<script type="text/javascript"
src="http://i3.sinaimg.cn/home/sinaflash.js"></script>
```

图 12—3   用 Windows 的记事本编辑 HTML 文件

即使是用诸如 Microsoft Word 等文档编辑器，在编辑 HTML 文件时也应使用其文本文件格式，而不应使用格式文档的功能。

在 Office 2000 以上版本中，内带的 FrontPage 是网页编辑程序。其中除了所见即所得编辑方式外，还带有 HTML 源码编辑方式。如图 12—4 所示。

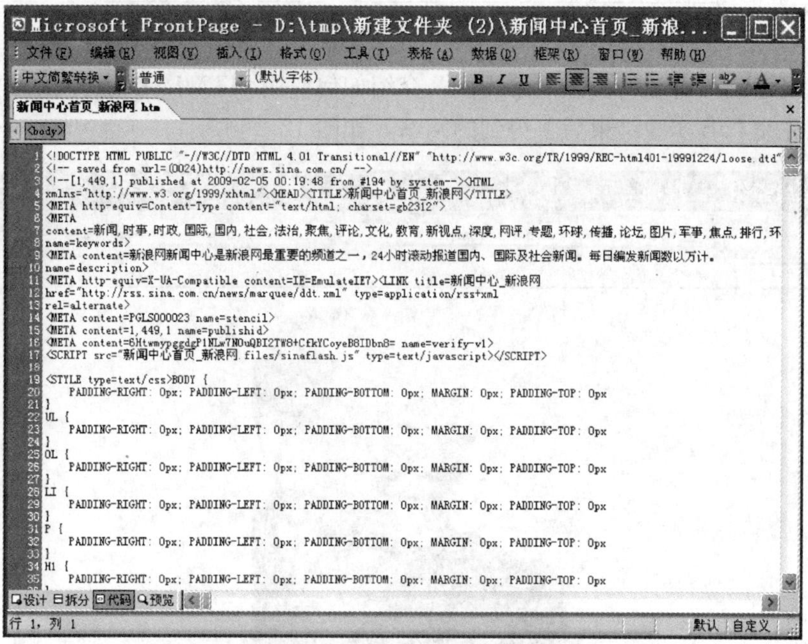

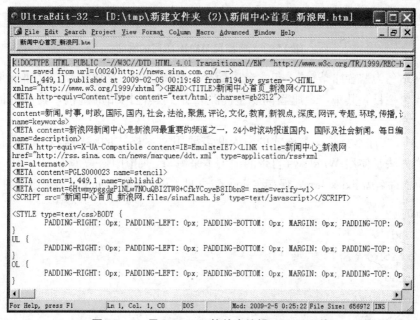

图 12—4　用 FrontPage 的 HTML 模式编辑 HTML 文件

IDM 公司出品的 UltraEdit 软件，是一款功能全面、高效的专业文本编辑程序，该软件的试用版本可以从大部分 Internet 软件下载网站找到。对于专业的网页设计师来说，该软件是非常好的选择。如图 12—5 所示。

图 12—5　用 UltraEdit 软件来编辑 HTML 文件

12.2 HTML 综合样例

我们以建设一个金庸资讯网站为例，介绍如何应用 HTML 来编写网站。
我们先来看看实验结束后将得到的网站，如图 12—6 所示。

图 12—6　将要用 HTML 编写的网站

该网站名为"金庸茶馆"，包含金庸简介、金庸新闻、金庸作品、金庸风采、金庸论坛等 5 个栏目。其中，金庸新闻和金庸论坛是到其他网站的链接，其他栏目是本地链接的文件。

HTML 文件本身是文本格式的，因此需要用文本格式的编辑器来编写相关代码。最简便的方法是使用 Windows 自带的记事本来编写，如图 12—7 所示。

首页文件名为 index.htm，保存在 jinyong 文件夹中。其内容如下（效果图见图 12—6）：

```
〈html〉
　〈head〉
　　〈title〉金庸茶馆〈/title〉
　〈/head〉
　〈body〉
　　〈center〉
```

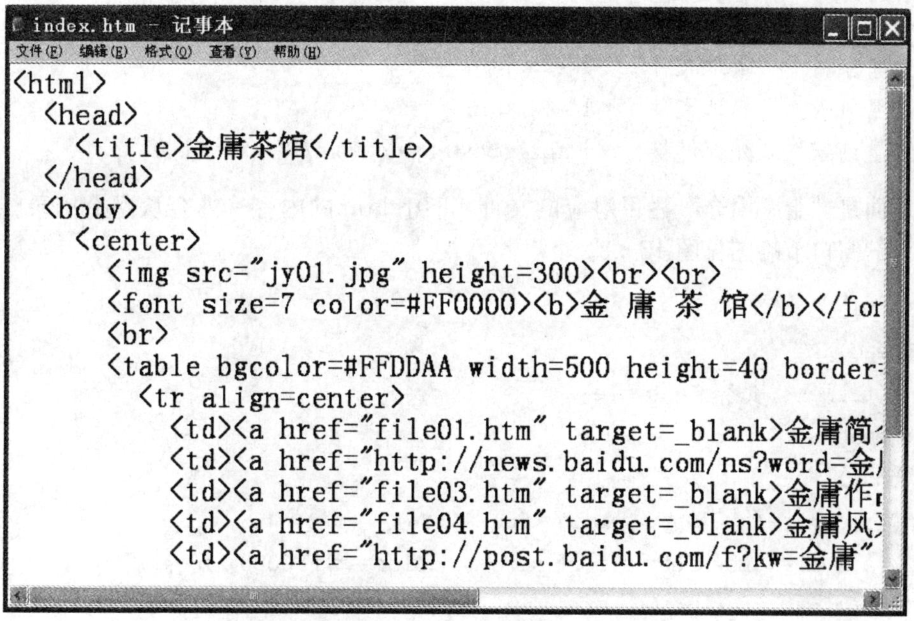

```
 index.htm - 记事本
文件(F) 编辑(E) 格式(O) 查看(V) 帮助(H)
<html>
  <head>
    <title>金庸茶馆</title>
  </head>
  <body>
    <center>
      <img src="jy01.jpg" height=300><br><br>
      <font size=7 color=#FF0000><b>金 庸 茶 馆</b></for
      <br>
      <table bgcolor=#FFDDAA width=500 height=40 border=
        <tr align=center>
          <td><a href="file01.htm" target=_blank>金庸简
          <td><a href="http://news.baidu.com/ns?word=金
          <td><a href="file03.htm" target=_blank>金庸作
          <td><a href="file04.htm" target=_blank>金庸风
          <td><a href="http://post.baidu.com/f?kw=金庸"
```

图 12—7　用记事本等文本编辑器来编写 HTML 文件

〈img src = "jy01. jpg" height = 300〉〈br〉〈br〉

〈font size = 7 color = #FF0000〉〈b〉金 庸 茶 馆〈/b〉〈/font〉〈br〉

〈br〉

〈table bgcolor = #FFDDAA width = 500 height = 40 border = 1 〉

　〈tr align = center〉

　　〈td〉〈a href = "file01. htm" target = _blank〉金庸简介〈/a〉〈/td〉

　　〈td〉〈a href = "http://news. baidu. com/ns? word = 金庸 &tn = newstitle"
target = _blank〉金庸新闻〈/a〉〈/td〉

　　〈td〉〈a href = "file03. htm" target = _blank〉金庸作品〈/a〉〈/td〉

　　〈td〉〈a href = "file04. htm" target = _blank〉金庸风采〈/a〉〈/td〉

　　〈td〉〈a href = "http://post. baidu. com/f? kw = 金庸" target = _blank〉金
庸论坛〈/a〉〈/td〉

　　〈/tr〉

　〈/table〉

　〈/center〉

　〈/body〉

〈/html〉

其中金庸的头像文件名为 jy01. jpg，是从网上摘取的。

从该文件可以看到，各栏目的对应链接情况为：

栏目名称　　　目标类型　　　链接地址

金庸简介　　　本地文件　　　file01. htm

金庸新闻　　　外部链接　　http://news.baidu.com/ns? word＝金庸 &tn＝newstitle

金庸作品　　　本地文件　　file03.htm

金庸风采　　　本地文件　　file04.htm

金庸论坛　　　外部链接　　http://post.baidu.com/f? kw＝金庸

下面是"金庸简介"栏目对应的文件 file01.htm 的内容（内容从网上摘录整理），其效果的窗口节略图见图 12—8。

〈html〉

〈head〉

　〈title〉金庸茶馆〈/title〉

〈/head〉

〈body〉

　〈img src＝"jy01.jpg" width＝50〉

　〈a href＝"index.htm"〉〈font size＝5 color＝♯FF0000〉〈b〉金 庸 茶 馆

〈/b〉〈/font〉〈/a〉〈br〉

　〈br〉〈br〉

　〈font size＝7 color＝♯0000FF〉〈b〉金庸生平大事〈/b〉〈/font〉〈br〉

　　〈br〉

　　金庸，原名查良镛，生于 1924 年，浙江海宁人，查家为当地望族，历史上最鼎盛期为清康熙年间，以查慎行为首叔侄七人同任翰林。现代查氏家族还有两位知名人物，南开大学教授查良铮（四十年代九叶派代表诗人，翻译家），台湾学术界风云人物、司法部长查良钊。出自海宁的著名人物还有王国维和徐志摩。金庸祖父查沧珊是"丹阳教案"的当事人。〈BR〉

　　　〈BR〉

　　1937 年，金庸考入浙江一流的杭州高中，离开家乡海宁。1939 年金庸 15 岁时曾经和同学一起编写了一本指导学生升初中的参考书《给投考初中者》，据说畅销内地，这是此类书籍在中国第一次出版，也是金庸出版的第一本书。1941 年日军攻到浙江，金庸进入联合高中，临毕业时因为写讽刺黑板报《阿丽丝漫游记》被开除。1944 年考入重庆国立政治大学外文系，因对国民党镇压学生不满投诉被勒令退学，一度进入中央图书馆工作，后转入苏州东吴大学学习国际法。抗战胜利后回杭州进《东南日报》做记者，1948 年在数千人参加的考试中脱颖而出，进入《大公报》，做编辑和收听英语国际电讯广播。不久，《大公报》香港版复刊，金庸南下到香港。〈BR〉

　　　〈BR〉

　　1950 年，《大公报》所属《新晚报》创刊，金庸调任副刊编辑，主持《下午茶座》栏目，也做翻译工作，与梁羽生（原名陈文统）一个办公桌，写过不少文艺小品和影评（笔名姚馥兰和林欢）。1955 年开写《书剑恩仇录》，在《大公报》上与梁羽生、陈凡（百剑堂主）开设《三剑楼随笔》，成为专栏作家。1957 年进入长城电影公司，专职为编剧，写过《绝代佳人》、《兰花花》、《不要离开我》、《三恋》、《小鸽子姑娘》、《午夜琴声》等剧本，合导过《有女怀春》、《王老虎抢亲》（用的艺名林欢）。1959 年离开长城电影公司，与中学同学沈宝新合资创办《明报》，共写武侠小说 15 部，1972 年宣布封笔，开始修订工作。〈BR〉

〈BR〉

　　1981 年后金庸数次回大陆，先后受到邓小平、江泽民等领导人以最高规格的接见，1985 年任香港基本法起草委员会委员，1986 年被任命为基本法起草委员会"政治体制"小组港方负责人，1989 年辞去基本法委员职务，卸任《明报》社长职务，1992 年到英国牛津大学当访问学者，1994 年辞去《明报》企业董事局主席职务，现在浙江大学人文学院任教。〈BR〉

〈BR〉

　　金庸博学多才，举凡历史、政治、古代哲学、宗教、文学、艺术、电影等都有研究，作品中琴棋书画、诗词典章、天文历算、阴阳五行、奇门遁甲、儒道佛学无所不包，是香港著名的政论家、企业家、报人，曾获法国总统"荣誉军团骑士"勋章，英国牛津大学董事会成员及两所学院荣誉院士，多家大学名誉博士。〈BR〉

　　〈BR〉

〈/body〉

〈/html〉

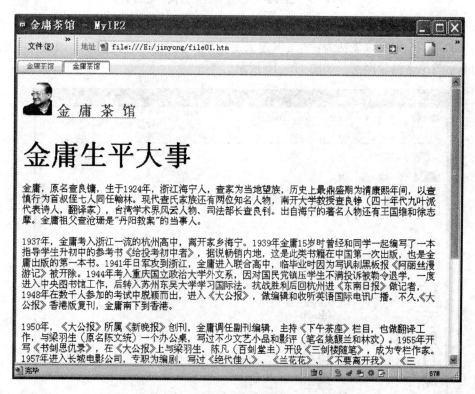

图 12—8　file01. htm 文件的显示效果（窗口节略图）

　　"金庸新闻"栏目是直接链接到了百度新闻中按标题搜索"金庸"所得到的页面，

其链接是 http://news.baidu.com/ns? word=金庸&tn=newstitle，其显示效果见图 12—9。

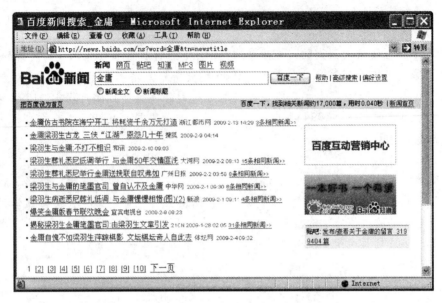

图 12—9　链接到外部的"金庸新闻"栏目

"金庸作品"是一个带下级栏目的网页，其文件名为 file03.htm。金庸 14 部长篇武侠小说的第一个字可以概括为："飞雪连天射白鹿，笑书神侠倚碧鸳"。因此，我们以此为显示效果来编制网页。如图 12—10 所示。

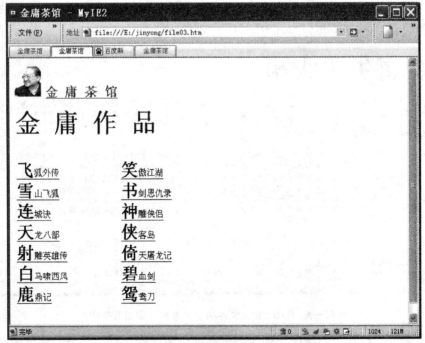

图 12—10　"金庸作品"栏目

该栏目文件 file03. htm 的内容如下：

```
〈html〉
 〈head〉
  〈title〉金庸茶馆〈/title〉
 〈/head〉
 〈body〉
     〈img src = "jy01. jpg" width = 50〉
     〈a href = "index. htm"〉〈font size = 5 color = #FF0000〉〈b〉金 庸 茶 馆
〈/b〉〈/font〉〈/a〉〈br〉
     〈br〉
     〈font size = 7 color = #0000FF〉〈b〉金 庸 作 品〈/b〉〈/font〉〈br〉
     〈br〉〈br〉
     〈table width = 400〉〈tr〉
      〈td width = 200〉
      〈a href = "http://www. baidu. com/s? wd = 飞狐外传" target = _blank〉
〈font size = 6 color = #FF0000〉〈b〉飞〈/b〉〈/font〉狐外传〈/a〉〈br〉
      〈a href = "http://www. baidu. com/s? wd = 雪山飞狐" target = _blank〉
〈font size = 6 color = #FF0000〉〈b〉雪〈/b〉〈/font〉山飞狐〈/a〉〈br〉
      〈a href = "http://www. baidu. com/s? wd = 连城诀" target = _blank〉
〈font size = 6 color = #FF0000〉〈b〉连〈/b〉〈/font〉城诀〈/a〉〈br〉
      〈a href = "http://www. baidu. com/s? wd = 天龙八部" target = _blank〉
〈font size = 6 color = #FF0000〉〈b〉天〈/b〉〈/font〉龙八部〈/a〉〈br〉
      〈a href = "http://www. baidu. com/s? wd = 射雕英雄传" target = _blank〉
〈font size = 6 color = #FF0000〉〈b〉射〈/b〉〈/font〉雕英雄传〈/a〉〈br〉
      〈a href = "http://www. baidu. com/s? wd = 白马啸西风" target = _blank〉
〈font size = 6 color = #FF0000〉〈b〉白〈/b〉〈/font〉马啸西风〈/a〉〈br〉
      〈a href = "http://www. baidu. com/s? wd = 鹿鼎记" target = _blank〉
〈font size = 6 color = #FF0000〉〈b〉鹿〈/b〉〈/font〉鼎记〈/a〉〈br〉
      〈/td〉〈td width = 200〉
      〈a href = "http://www. baidu. com/s? wd = 笑傲江湖" target = _blank〉
〈font size = 6 color = #FF0000〉〈b〉笑〈/b〉〈/font〉傲江湖〈/a〉〈br〉
      〈a href = "http://www. baidu. com/s? wd = 书剑恩仇录" target = _blank〉
〈font size = 6 color = #FF0000〉〈b〉书〈/b〉〈/font〉剑恩仇录〈/a〉〈br〉
      〈a href = "http://www. baidu. com/s? wd = 神雕侠侣" target = _blank〉
〈font size = 6 color = #FF0000〉〈b〉神〈/b〉〈/font〉雕侠侣〈/a〉〈br〉
      〈a href = "http://www. baidu. com/s? wd = 侠客岛" target = _blank〉
〈font size = 6 color = #FF0000〉〈b〉侠〈/b〉〈/font〉客岛〈/a〉〈br〉
```

〈a href=〝http：//www.baidu.com/s? wd=倚天屠龙记〞target=_blank〉
〈font size=6 color=♯FF0000〉〈b〉倚〈/b〉〈/font〉天屠龙记〈/a〉〈br〉

〈a href=〝http：//www.baidu.com/s? wd=碧血剑〞target=_blank〉
〈font size=6 color=♯FF0000〉〈b〉碧〈/b〉〈/font〉血剑〈/a〉〈br〉

〈a href=〝http：//www.baidu.com/s? wd=鸳鸯刀〞target=_blank〉
〈font size=6 color=♯FF0000〉〈b〉鸳〈/b〉〈/font〉鸯刀〈/a〉〈br〉

〈/tr〉〈/table〉

〈br〉〈BR〉

〈/body〉

〈/html〉

"金庸风采" 栏目里存放了一些金庸的照片，这些照片可以通过搜索引擎的图片搜索功能收集整理。如图 12—11～图 12—13 所示。

图 12—11　从百度图片搜索查找关键字 "金庸"

该栏目文件 file04.htm 如下：

〈html〉
〈head〉
〈title〉金庸茶馆〈/title〉
〈/head〉
〈body〉
〈img src=〝jy01.jpg〞width=50〉
〈a href=〝index.htm〞〉〈font size=5 color=♯FF0000〉〈b〉金 庸 茶 馆
〈/b〉〈/font〉〈/a〉〈br〉

图 12—12 图片搜索结果

图 12—13 打开图片链接后将图片保存到本地

```
〈br〉
〈font size = 7 color = ♯0000FF〉〈b〉金 庸 风 采〈/b〉〈/font〉〈br〉〈br〉〈br〉
〈table width = 600 border = 1〉
〈tr〉
    〈td width = 200〉〈img src = ˝jy001. jpg˝ width = 200〉〈/td〉
    〈td width = 200〉〈img src = ˝jy002. jpg˝ width = 200〉〈/td〉
    〈td width = 200〉〈img src = ˝jy003. jpg˝ width = 200〉〈/td〉
〈/tr〉〈tr〉
    〈td width = 200〉〈img src = ˝jy004. jpg˝ width = 200〉〈/td〉
    〈td width = 200〉〈img src = ˝jy005. jpg˝ width = 200〉〈/td〉
    〈td width = 200〉〈img src = ˝jy006. jpg˝ width = 200〉〈/td〉
〈/tr〉
〈/table〉
    〈br〉〈BR〉
〈/body〉
〈/html〉
```

其显示效果如图 12—14 所示。

图 12—14 "金庸风采"栏目

"金庸论坛"直接链接到百度贴吧（http：//post. baidu. com/f? kw＝金庸）。

将所有图片文件存放在对应的目录下，将上述 4 个文件 index. htm，file01. htm，file03. htm 和 file04. htm 编制完成后，用 HTML 编制的网站就完成了，如图 12—6 所示。

12. 3 如何编制 HTML 文件

在了解了综合性的 HTML 样例网站后，我们来了解一下编制 HTML 的细节。为了学习方便，我们建立一个文件夹 htmlfile，所有样例文件都建立在此文件夹中。

12. 3. 1 HTML 文件结构

HTML 文件本身是文本格式，其文件类型（扩展名）为 . htm 或 . html。对于作为网站首页的那个页面，其文件名主体部分一般为 index 或 default，所以固定的网站首页（常称为静态页面）html 文件名一般可能为 index. htm、index. html、default. htm 或 default. html。而另外一些涉及从数据库中提取信息的动态页面的扩展名部分可能与编程语言有关，不在本章讨论范围之内。

我们先来看一个最简单的 HTML 文件例子。在文本编辑器中输入以下代码行：

　　欢迎访问！〈br〉

将其以文本文件格式保存到文件 file01. htm 中。如图 12—15 所示。

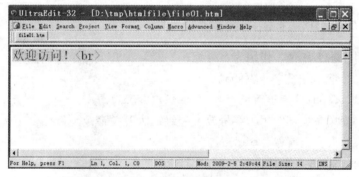

图 12—15　用文本编辑器编辑 **filc01. htm** 文件

将该文件调入网页浏览器（例如，Internet Explorer）中，显示结果如图 12—16 所示。

一个 HTML 文件，其基本结构如下：

```
〈html〉
〈head〉
    HTML 文件头
〈/head〉
〈body〉
    HTML 文件体
〈/body〉
〈/html〉
```

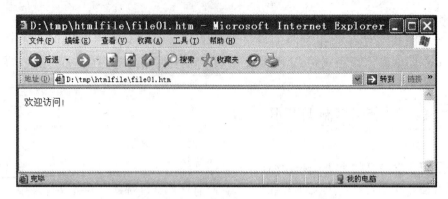

图 12—16　在网页浏览器中解析 HTML 文件

其中，〈html〉和〈/html〉表示这是一个 HTML 文件。文件头部分由〈head〉和〈/head〉括住，而文件体则由〈body〉和〈/body〉括住。HTML 文件头是一些对页面整体进行设置的参数和命令，以及相关的页面注释信息，而文件体则是实际要在页面中表现的内容。

HTML 文件中的标记命令均以"〈〉"括住，大部分命令是成对出现的开关命令。即起始命令为"〈命令〉"，而结束命令则为"〈/命令〉"。HTML 文件中的标记命令对大小写不敏感，即使用大写、小写或混合大小写的作用是一样的。

下面，我们向读者介绍最基础的 HTML 命令，了解了这些命令，即可编制简单的网页。

12.3.2　字模与格式控制命令

(1) Small：缩小命令，作用为字号缩小一级。为开关命令。例如：

　　　〈small〉缩小一级字号〈/small〉

　　　〈small〉〈small〉缩小两级字号〈/small〉〈/small〉

(2) Big：放大命令，作用为字号放大一级。为开关命令。例如：

　　　〈big〉放大一级字号〈/big〉

　　　〈big〉〈big〉放大两级字号〈/big〉〈/big〉

(3) Strong：强调命令，作用为对文字加粗。为开关命令。例如：

　　　〈strong〉文字强调(加粗)〈/strong〉

(4) B：加粗命令，作用为对文字加粗。为开关命令。例如：

　　　〈b〉文字加粗〈/b〉

(5) I：斜体命令，作用为对文字做倾斜处理。为开关命令。例如：

　　　〈i〉文字倾斜〈/i〉

(6) U：下线命令，作用为对文字加上下划线。为开关命令。例如：

　　　〈u〉文字加下线〈/u〉

(7) FONT：字模控制命令，可以用多个参数来控制字模的各个方面。为开关命令。

①size 参数：控制字号的级数，共分 7 级。例如：

　　　〈font size = 5〉字号为 5 级〈/u〉

②color 参数：控制文字的颜色，可以用颜色的英文单词来设置，也可以用以"♯"开头的 6 位 16 进制数字来表示红、绿、蓝颜色。例如：

　　　〈font color = red〉文字为红色〈/font〉

　　　〈font color = ♯FF0000〉文字还是红色〈/font〉

③face 参数：控制字体。例如：

　　　〈font face = "隶书"〉字体为隶书〈/font〉

图 12—17 为示例文件的源码，图 12—18 为浏览器对该文件的解析显示结果。

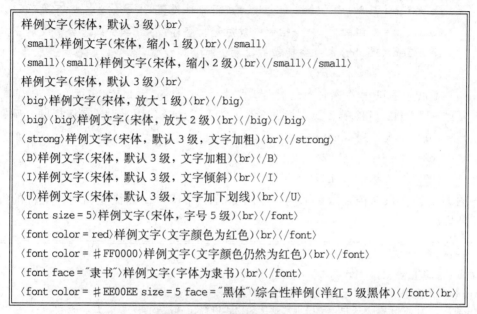

```
样例文字(宋体，默认 3 级)〈br〉

〈small〉样例文字(宋体，缩小 1 级)〈br〉〈/small〉

〈small〉〈small〉样例文字(宋体，缩小 2 级)〈br〉〈/small〉〈/small〉

样例文字(宋体，默认 3 级)〈br〉

〈big〉样例文字(宋体，放大 1 级)〈br〉〈/big〉

〈big〉〈big〉样例文字(宋体，放大 2 级)〈br〉〈/big〉〈/big〉

〈strong〉样例文字(宋体，默认 3 级，文字加粗)〈br〉〈/strong〉

〈B〉样例文字(宋体，默认 3 级，文字加粗)〈br〉〈/B〉

〈I〉样例文字(宋体，默认 3 级，文字倾斜)〈br〉〈/I〉

〈U〉样例文字(宋体，默认 3 级，文字加下划线)〈br〉〈/U〉

〈font size = 5〉样例文字(宋体，字号 5 级)〈br〉〈/font〉

〈font color = red〉样例文字(文字颜色为红色)〈br〉〈/font〉

〈font color = ♯FF0000〉样例文字(文字颜色仍然为红色)〈br〉〈/font〉

〈font face = "隶书"〉样例文字(字体为隶书)〈br〉〈/font〉

〈font color = ♯EE00EE size = 5 face = "黑体"〉综合性样例(洋红 5 级黑体)〈/font〉〈br〉
```

图 12—17　一个综合 HTML 例子

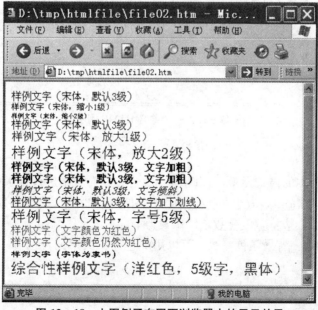

图 12—18　上图例子在网页浏览器中的显示效果

（8）Center：段落居中命令。为开关命令。例如：

　　〈center〉居中显示〈/center〉

（9）BR：折行命令。不是开关命令。例如：

　　本命令后将重起一行。〈br〉

（10）P：段落命令，为开关命令，带上参数后可对整个段落进行格式控制。例如，align 为对齐参数，其值有 left、center、right 等。例如：

　　〈p〉本命令括起一段后进行整体设置〈/p〉

　　〈p align = left〉本命令括起一段后进行整体设置,本参数为左对齐段落〈/p〉

　　〈p align = center〉本命令括起一段后进行整体设置,本参数为居中段落〈/p〉

　　〈p align = right〉本命令括起一段后进行整体设置,本参数为右对齐段落〈/p〉

　　〈p〉在一个段落中,〈br〉

　　可以通过 BR 命令来进行折行〈/p〉

（11）H1、H2、H3 等：级别标题命令，为开关命令，用于设置各级标题。例如：

　　〈h1〉一级标题〈/h1〉

　　〈h2〉二级标题〈/h2〉

　　〈h3〉三级标题〈/h3〉

　　图 12—19 为段落控制命令示例文件的源码，图 12—20 为浏览器对该文件的解析显示结果。

〈center〉居中显示〈/center〉

本命令后将重起一行。〈br〉

〈p〉本命令括起一段后进行整体的格式设置。〈/p〉

〈p align = left〉本命令括起一段后进行整体的格式设置,align = left 参数为左对齐段落〈/p〉

〈p align = center〉本命令括起一段后进行整体的格式设置,align = center 参数为居中段落〈/p〉

〈p align = right〉本命令括起一段后进行整体的格式设置,align = right 参数为右对齐段落〈/p〉

〈p〉在一个段落中,〈br〉可以通过 BR 命令来进行折行处理。〈/p〉

〈h1〉一级标题〈/h1〉

〈h2〉二级标题〈/h2〉

〈h3〉三级标题〈/h3〉

图 12—19　一个综合 HTML 例子

12.3.3　表格

表格是一种基本的格式元素，HTML 当然也包含对表格进行排版和控制的命令。

（1）Table：表格命令，为开关命令，标记表格的开始和结束。可带参数。常用的参数有：

①border 参数：边框宽度参数，以像素为单位。

②bgcolor 参数：背景颜色参数，可以用颜色的英文单词，也可以用以♯开头的 6 位 16 进制数表示。

③align 参数：对齐位置参数，值有 left、center、right 等，分别代表整个表格左对齐、居中、右对齐。

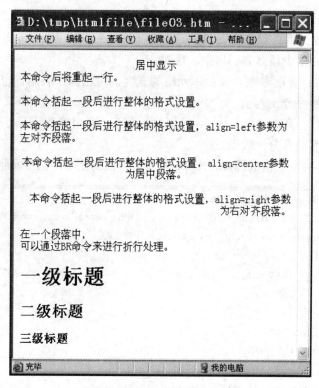

图 12—20　上图例子在网页浏览器中的显示效果

④width 参数：宽度参数，表示表格的宽度，可用像素表示，也可以用所占显示窗口宽度的百分比表示。

⑤height 参数：高度参数，表示表格的高度，可用像素表示，也可以用所占显示窗口高度的百分比表示。

（2）tr：表行命令，为开关命令，标记一个表行的开始和结束。可带参数。常用的参数有：

①bgcolor 参数：背景颜色参数，可以用颜色的英文单词，也可以用以♯开头的 6 位 16 进制数字表示。

②align 参数：对齐位置参数，值有 left、center、right 等，分别代表该行表格单元中的内容在单元格中左对齐、居中、右对齐。注意这个参数和 table 命令中的 align 参数的作用不同。

③height 参数：高度参数，表示表格的高度，可用像素表示，也可以用所占显示窗口高度的百分比表示。

（3）td：单元格命令，为开关命令，标记一个单元格的开始和结束。可带参数。常用的参数有：

①bgcolor 参数：背景颜色参数，可以用颜色的英文单词，也可以用以♯开头的 6 位 16 进制数字表示。

②align 参数：水平对齐位置参数，值有 left、center、right 等，分别代表该单元格中的内容在单元格中左对齐、居中、右对齐。注意这个参数和 table 命令中的 align

参数的作用不同。

③valign 参数：垂直对齐位置参数，值有 top、center、bottom 等，分别代表该单元中的内容在单元格中顶对齐、居中、底对齐。

④width 参数：宽度参数，表示单元格的宽度，可用像素表示，也可以用单元格所占整个表格宽度的百分比表示。

⑤height 参数：高度参数，表示单元格的高度，可用像素表示，也可以用单元格所占整个表格高度的百分比表示。

图 12—21 是一个表格的源码，图 12—22 是其在浏览器中的显示形式。

```
〈center〉〈b〉表格样例〈/b〉〈/center〉
〈table width = 400 height = 200 border = 1 align = center bgcolor = ♯EEFFEE〉
  〈tr align = center height = 30 bgcolor = ♯FFDDAA〉
    〈td〉1 行 1 格〈/td〉
    〈td〉1 行 2 格〈/td〉
    〈td〉1 行 3 格〈/td〉
  〈/tr〉
  〈tr height = 100〉
    〈td〉2 行 1 格〈/td〉
    〈td align = right〉2 行 2 格〈/td〉
    〈td valign = bottom align = center〉2 行 3 格〈/td〉
  〈/tr〉
  〈tr align = right〉
    〈td〉3 行 1 格〈/td〉
    〈td bgcolor = ♯DDDDFF〉3 行 2 格〈/td〉
    〈td〉3 行 3 格〈/td〉
  〈/tr〉
〈/table〉
```

图 12—21 表格的 HTML 源码

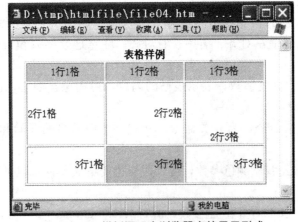

图 12—22 样例源码在浏览器中的显示形式

12.3.4　链接

HTML 的超级链接功能使得网民可以很方便地访问其他 Internet 资源，因此得到了广泛的应用。可以说，链接已经成为 HTML 的基础设施之一。

链接命令的格式如下：

　　　　〈a href =″目的资源地址″〉显示的文字、图片或其他资源〈/a〉

该命令经常带有用于指定目标显示窗口的 target 和其他一些参数。

例如，上一小节介绍的表格例子程序名为 file04. htm，因此，一个指向前述"表格"页面的链接代码为：

　　　　〈a href =″file04. htm″〉表格文件〈/a〉

在浏览器中的显示结果如图 12—23 所示。

图 12—23　带链接的文字

现在，只要点击浏览器中带链接的"表格文件"二字，就可以直接跳转到上一小节介绍的表格页面。

下面再给出几个关于链接的例子：

（1）指向网站的链接。源码如下：

　　　　〈a href =″http://www. ruc. edu. cn″〉中国人民大学〈/a〉

（2）在新的页面中打开链接，源码如下：

　　　　〈a href =″http://www. ruc. edu. cn″ target =″_blank″〉人民大学〈/a〉

（3）邮箱链接，点击后打开默认的邮件系统写信和发信。源码如下：

　　　　〈a href =″mailto：yxd@yxd. cn″〉给作者写信〈/a〉

（4）指向网站的加在图标上的链接，如图 12—24 所示。源码如下：

　　　　〈a href =″http://www. baidu. com″〉〈img src =″http://www. baidu. com/
　　　　　　img/baidu_logo. gif″〉〈/a〉

图中显示的网站图标的网址为 http://www. baidu. com/img/baidu_logo. gif，点击该图标将跳转到指定网站上（本例中为百度网站）。

图 12—24　带链接的图片

12.3.5　图片

除了可以以不同的字体字号字形来表示文字外，HTML 也可以表示图片及其他音频，视频资源，这些多媒体表现功能使 Internet 成为表现力强大的新兴媒体。

图片命令的格式如下：

　　〈img src＝图片文件路径 可选参数〉

图片命令可以带参数，常见的有：

（1）border 参数，表示图片边框的宽度，以像素为单位。

（2）alt 参数，图片的别名，即在将鼠标移至图片上面时显示的文字。

（3）width 参数：宽度参数，表示图片的宽度，可用像素表示，也可以用图片所占整个窗口宽度的百分比表示。

（4）height 参数：高度参数，表示图片的高度，可用像素表示，也可以用图片所占整个窗口高度的百分比表示。

下面给出一些关于图片的例子：

（1）加入一张图片，源码如下：

　　〈img src =˝img/pic01.jpg˝〉

显示结果如图 12—25 所示。

（2）图片加边框线。源码如下：

　　〈img src =˝img/pic01.jpg˝border = 3〉

显示结果如图 12—26 所示。

（3）控制图片大小。可以控制图片的宽度或者高度。例如，改变图片宽度的参数为 width，样例源码如下：

　　〈img src =˝img/pic01.jpg˝width = 300〉

显示结果如图 12—27 所示。

修改图片高度的样例源码如下：

　　〈img src =˝img/pic01.jpg˝height = 200〉

也可以同时修改图片的宽度和高度，如图 12—28 所示。样例源码如下：

　　〈img src =˝img/pic01.jpg˝ width = 700 height = 200〉

图 12—25　在页面中插入一幅图片

图 12—26　图片加上边框线

图 12—27　调整图片的大小

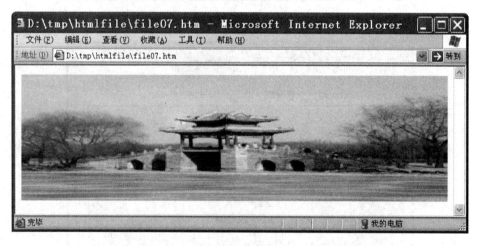

图 12—28　同时调整图片的宽度和高度

（4）图片上也可以加链接，如图 12—24 所示。源码如下：

〈a href="http://www.baidu.com"〉〈img
　　src="http://www.baidu.com/img/baidu_logo.gif"〉〈/a〉

12.3.6　页面分帧

所谓帧，就是页面上独立的显示区域。通过对页面分帧，可以更好地对页面进行显示控制，并可减小单个页面的大小，加快页面显示的速度。

例如，如图 12—29 所示的分帧页面，其 HTML 源码如图 12—30 所示。

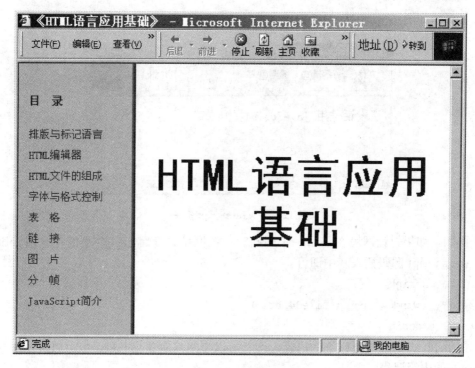

图 12—29　分帧的页面

图 12—30　分帧页面的源码

对于分帧操作，我们对 Internet 应用的初学者暂不做要求。有兴趣的读者可以继续 Internet 中级课程的学习。

12.3.7　JavaScript

JavaScript 是一段可以嵌入在 HTML 文件中的描述语言，通过它可以执行一定的程序功能，以方便对页面进行控制。

例如，下面是一个 JavaScript 的简单例子：

〈script〉
　　document.write（"这段话是用 JavaScript 生成的!"）
〈/script〉

其显示如图 12—31 所示。

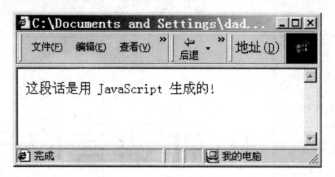

图 12—31   JavaScript 例子

再如，如果想让网民在显示一个网站时，该网站自动跳出一个小的广告窗，则将以下 JavaScript 源码插入其中即可：

```
〈script〉
    window.open ('file04.htm');
〈/script〉
```

关于 JavaScript 的更详细的内容，读者可以参阅其他专业书籍，也可以进一步学习 Internet 的中级课程。

12.4 思考与练习

1. 什么是标记控制语言？
2. 对 HTML 编辑器有什么要求？
3. HTML 文件的结构是什么样的？
4. 试介绍本章学习过的 HTML 命令。
5. 使用本章介绍过的 HTML 命令，编写一个简单网页。

如何注册"教学辅助平台"

1. 针对个人读者：刮开图书封底不干胶标签的覆膜层，取得用户名和密码，访问 http://www2.ruc.com.cn（教育网用户）或 http://ruc.com.cn（非教育网用户），使用前述用户名和密码登录即可。登录方法如有变更，以网站通知为准。

2. 针对班级用户：请授课教师将全班课本上的用户名和密码采集并保存到 Excel 文件中，将该文件连同以下完整信息一并发送到 reader@ruc.com.cn。

● 邮件标题：申请开通 Internet 教学班

● 学校名称：

● 课程名称：

● 学生专业：

● 学生数量：　　　　（限 10~99 人之间）

● 教师信息：

　◆ 姓名：

　◆ 电话：

　◆ 电子邮箱：

　◆ 通信地址：

　◆ 邮政编码：

● 网络访问速度比较：

　◆ http://www2.ruc.com.cn（教育网用户）　　□速度快　□速度一般　□速度慢

　◆ http://ruc.com.cn（非教育网用户）　　　□速度快　□速度一般　□速度慢

我们将会在用户能够较快访问的服务器上为用户开设远程网络教学班，并以邮件告之使用方法。远程网络教学班可以使用我们系统的大部分功能。

对于部分访问我们教育网网站和非教育网网站都比较慢的班级用户，我们可以免费提供单班级版的简版系统，用户只要安装在局域网环境中即可使用。简版系统中包含了完整系统的基本功能。

无论是个人读者用户还是班级用户，其使用权限自开通之日起一年内有效。如果到期仍未完成本课程的学习，可以通过系统的站内短信功能申请延期。

对完整版教学辅助系统有兴趣的院校，可通过邮箱 yxd@yxd.cn 及 reader@ruc.com.cn 联系作者以了解详情。

大学计算机基础与应用系列立体化教材书目

大学计算机应用基础	（中国人民大学尤晓东等编著）
Internet 应用教程	（中国人民大学尤晓东编著）
多媒体技术与应用	（中国人民大学肖林等编著）
网站设计与开发	（中国人民大学王蓉等编著）
数据库技术与应用	（中国人民大学杨小平等主编）
管理信息系统	（中国人民大学杨小平主编）
Excel 在经济管理中的应用	（中央财经大学唐小毅等编著）
统计数据分析基础教程 ——基于 SPSS 和 Excel 的调查数据分析	（中国人民大学叶向编著）
信息检索与应用（面向经管类）	（东华大学刘峰涛编著）
C 程序设计教程（面向纯文科类）	（清华大学黄维通编著）
C 程序设计教程（面向经管类）	（河北大学计算中心李俊等编著）
电子商务基础与应用（面向经管类）	（天津财经大学卢志刚主编）

配套用书书目

大学计算机应用基础习题与实验指导	（中国人民大学尤晓东等编著）
Internet 应用教程习题与实验指导	（中国人民大学尤晓东编著）
多媒体技术与应用习题与实验指导	（中国人民大学肖林等编著）
网站设计与开发习题与实验指导	（中国人民大学王蓉等编著）
数据库技术与应用习题与实验指导	（中国人民大学战疆等编著）
管理信息系统习题与实验指导	（中国人民大学杨小平等编著）
Excel 在经济管理中的应用习题与实验指导	（中央财经大学唐小毅等编著）
统计数据分析基础教程习题与实验指导	（中国人民大学叶向编著）
C 程序设计教程（面向纯文科类）习题与实验指导	（清华大学黄维通编著）
C 程序设计教程（面向经管类）习题与实验指导	（河北大学计算中心李俊等编著）
电子商务基础与应用（面向经管类）习题与实验指导	（天津财经大学卢志刚主编）

图书在版编目（CIP）数据

Internet 应用教程/尤晓东编著.
北京：中国人民大学出版社，2009
（大学计算机基础与应用系列立体化教材）
ISBN 978-7-300-10977-0

Ⅰ. I…
Ⅱ. 尤…
Ⅲ. 因特网-高等学校-教材
Ⅳ. TP393.4

中国版本图书馆 CIP 数据核字（2009）第 112114 号

大学计算机基础与应用系列立体化教材
Internet 应用教程
尤晓东　编著

出版发行　　中国人民大学出版社

社　址	北京中关村大街 31 号		**邮政编码**	100080
电　话	010 – 62511242（总编室）		010 – 62511398（质管部）	
	010 – 82501766（邮购部）		010 – 62514148（门市部）	
	010 – 62515195（发行公司）		010 – 62515275（盗版举报）	
网　址	http://www.crup.com.cn			
	http://www.ttrnet.com（人大教研网）			
经　销	新华书店			
印　刷	北京鑫丰华彩印有限公司			
规　格	185 mm×260 mm　16 开本		**版　次**	2009 年 7 月第 1 版
印　张	17.75 插页 1		**印　次**	2009 年 7 月第 1 次印刷
字　数	394 000		**定　价**	29.00 元